AF295928

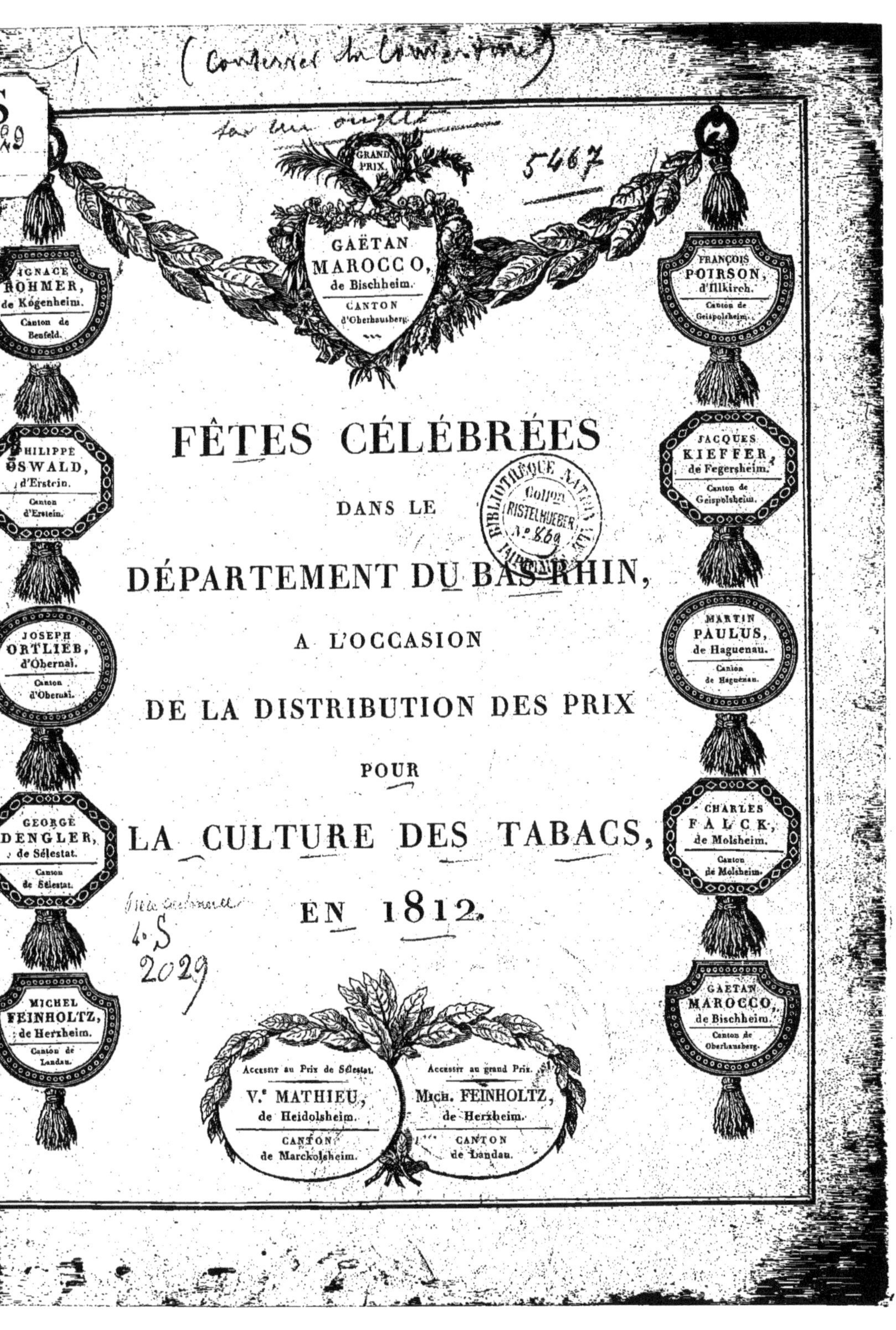

FÊTES CÉLÉBRÉES

DANS LE

DÉPARTEMENT DU BAS-RHIN,

A L'OCCASION

DE LA DISTRIBUTION DES PRIX

POUR

LA CULTURE DES TABACS,

EN 1812.

Strasbourg, le 1er avril 1813.

Le Préfet du Département du Bas-Rhin,
Commandant de la Légion d'honneur;

A Monsieur Mathieu, Membre du
Corps législatif.

Monsieur,

L'intérêt que vous avez montré pour tout ce qui
concourt à la prospérité du Département, pendant
aux fêtes qui ont eu lieu en Décembre dernier, lors
de la distribution des prix aux planteurs de
tabac, me persuade que vous lirez avec plaisir
le précis de ces fêtes, et j'ai l'honneur de vous
en envoyer un exemplaire.

Recevez, Monsieur, l'assurance de mes
sentiments distingués.

PRÉCIS

Des Fétes qui ont eu lieu, en 1812, à l'occasion de la distribution des prix pour la culture du Tabac.

~~~~~~~~~~~~~~~

Aux concours de 1811 l'on avait aisément reconnu les efforts que les Cultivateurs avaient faits pour améliorer leurs tabacs, tant à la culture qu'à la livraison. Ce n'étaient plus des feuilles à demi-écabochées, de toutes longueurs et de toutes qualités, mêlées ensemble ; ce n'étaient plus des bottes attachées aux deux extrémités pour cacher les feuilles de rebut placées au centre, et les feuilles mouillées à dessein d'augmenter le poids des bottes ; ce n'étaient plus ces liens d'osier, ou, ce qui était pis encore, ces liens de paille, dont l'humidité provoquait la moisissure des feuilles ; en un mot, ce n'était plus là la manière dont, dix-huit mois auparavant, les Cultivateurs avaient l'habitude de livrer leurs tabacs. Des feuilles triées avec un certain soin, bien écabochées ; des manoques bien faites, liées avec des ficelles, et dans l'intérieur desquelles on pouvait à l'instant reconnaître qu'il n'y avait ni feuilles mouillées, ni feuilles de rebut : voilà ce que l'Administration avait déjà obtenu en 1811 ; voilà ce qui assurait au Département la conservation de la culture, et à la Régie une bonne fabrication ; voilà, enfin, les améliorations que le Préfet avait tenté d'amener, en offrant pour prix à l'émulation des Cultivateurs de beaux taureaux et de belles génisses suisses, qui, par le croisement des races, promettaient à l'agriculture alsacienne un second perfectionnement.

Mais les succès de 1811 n'étaient pas encore la totalité des succès que l'Administration espérait attein-

Beschreibung

Der Feste, welche im Jahr 1812, bey Gelegenheit der Austheilung der Preise für den Tabakbau, Statt hatten.

~~~~~~~~~~~~~~~

Bey den Concursen von 1811 hatte man leicht die Anstrengungen wahrgenommen, welche die Ackersleute gemacht hatten, um ihren Tabak, sowohl bey dem Pflanzen als bey dem Abliefern, zu verbessern. Es waren keine halb abgegitzte Blätter mehr, von jeder Länge und jeder Qualität, unter einander gemischt ; es waren keine Wellen mehr, an beyden Enden zusammen gebunden, um die in der Mitte befindlichen Ausschuß-Blätter, desgleichen auch jene zu verbergen, die in der Absicht genetzt waren um das Gewicht der Wellen zu vermehren ; es waren jene Weidenbänder, oder, was noch schlimmer war, jene Strohbänder nicht mehr, deren Feuchtigkeit das Schimmeln der Blätter bewirkte ; mit einem Worte, es war dieses nun gar die Art nicht mehr, mit der, achtzehn Monathe früher, die Ackersleute ihren Tabak zu liefern pflegten. Mit einer gewissen Sorgfalt sortirte und gut abgegitzte Blätter ; wohlgemachte und mit Schnüren gebundene Püppeln, in deren Mitte man auf den ersten Blick sehen konnte, daß weder genetzte noch Ausschuß-Blätter darin seyen : dieses ist was die Verwaltung schon im Jahr 1811 erhalten hatte ; dieses ist was dem Departement die Erhaltung des Tabakbaues, und der Regie eine gute Fabrizirung zusicherte ; dieses, endlich, sind die Verbesserungen, welche der Präfekt getrachtet hatte zu bezwecken, indem er als Preise zur Nacheiferung der Ackersleute schöne Stiere und schöne junge Kühe aus der Schweiz darboth, welche durch die Vermischung der Arten dem elsassischen Ackerbau eine zweyte Vervollkommnung versprachen.

Die Erfolge von 1811 waren aber noch nicht alles was die Verwaltung zu erhalten hoffte ; mit so aufgeklärten und

dre ; avec des hommes éclairés, laborieux, comme les Cultivateurs du département du Bas-Rhin, rien ne lui semblait impossible ; et ce qu'ailleurs elle n'eût point cherché, ici elle croyait être sûre de l'obtenir : aussi voulait-elle perfection dans la culture, perfection dans la préparation des feuilles, perfection dans les livraisons. Elle désirait encore essayer de renouveler le plant de tabac alsacien, qui avait pu dégénérer par de longues années de culture, et elle s'était occupée de faire venir des graines de tabacs exotiques. Des semences de Virginie, de Maryland, de Porto-Ricco, du grand Asiatique, du Varinas, du Fünfkirch, de Debretzin, de Clairac, de Clèves, d'Amersfort, furent données aux grands Cultivateurs au commencement de 1812, et l'Administration s'assura que de nombreux essais seraient faits, dès cette année, avec tout le soin possible.

Afin d'offrir des plants de ces mêmes variétés aux Cultivateurs qui n'en auraient point reçu de semences, et qui voudraient cependant cultiver des tabacs étrangers, le Préfet établit des couches sur trois points du département, à Sélestat, à Obernai et à Strasbourg ; les Cultivateurs furent avertis qu'ils pourraient s'y présenter, et qu'ils recevraient gratuitement les jeunes plants.

Des instructions nouvelles, et détaillées avec le plus grand soin, furent publiées pour tracer aux Cultivateurs ce qu'ils avaient à suivre, comme ce qu'ils avaient à éviter, afin d'arriver à la perfection qu'on voulait atteindre, s'il était possible, en deux années de culture.

Et pour encouragement, le Préfet fit paraître au mois d'Avril, avant le moment où commence la culture, un Programme, dans lequel il annonça aux Cultivateurs, que, si les efforts qu'il exigeait d'eux en 1812, devaient l'emporter sur les efforts de 1811, les prix de 1812 l'emporteraient aussi sur les prix de 1811 ; et il leur promettait que des étalons de choix seraient amenés de la Normandie et du Mecklenbourg, pour récompenser doublement ces efforts, puisque la race de leurs chevaux en

arbeitsamen Leuten, wie die Ackersleute des Nieder=Rheini= schen Departementes sind, schien ihr nichts unmöglich, und was sie anderswo nicht gesucht hätte, glaubte sie hier sicher zu erhalten : sie verlangte Vollkommenheit in dem Pflanzen, Vollkommenheit in der Zubereitung der Blätter, Vollkom= menheit in den Lieferungen. Sie wünschte noch zu versuchen, die elsaffischen Tabak=Setzlinge zu erneuern, welche seit so vielen Jahren, wo Tabak gebaut wird, ausgeartet seyn könnten, und sie beschäftigte sich damit, Samen von auslän= dischem Tabak kommen zu lassen. Zu Anfang des Jahres 1812 wurde den großen Ackersleuten Virginischer, Mary= länder=, Porto=Ricco=, Großafiatischer=, Varinas=, Fünf= kircher=, Debrécziner=, Clairac=, Clever=, Amersforter= Samen gegeben, und die Verwaltung überzeugte sich, daß in diesem Jahre zahlreiche Versuche mit möglichster Sorg= falt würden gemacht werden.

Um Setzlinge von diesen nähmlichen Arten denjenigen Ackersleuten anbiethen zu können, welche etwa keinen Samen davon erhalten hätten, und doch fremden Tabak zu pflanzen wünschten, ließ der Präfekt in drey Orten des Departe= mentes, zu Schlettstadt, zu Ober=Ehnheim und zu Straß= burg, Beete oder Gutschen anlegen : den Ackersleuten wurde zu wissen gethan, daß sie sich daselbst melden und unent= gelblich junge Setzlinge erhalten könnten.

Neue und mit der größten Sorgfalt auseinander gesetzte Unterweisungen wurden bekannt gemacht, um den Ackers= leuten vorzuzeichnen, was sie zu thun und was sie zu laffen hätten, um die Vollkommenheit zu erreichen, die man, wo möglich, in zwey Jahren erhalten wollte.

Und zur Aufmunterung ließ der Präfekt im Monath April, vor dem Augenblicke, wo das Pflanzen beginnt, ein Programm erscheinen, in welchem er den Ackersleuten an= kündigte, daß, wenn die Anstrengungen, die er im Jahr 1812 von ihnen fordert, die im Jahr 1811 gemachten Anstrengungen übertreffen, auch die Preise von 1812 jene von 1811 übertreffen sollten ; und er versprach ihnen, daß auserlesene Hengste aus der Normandie und aus Mecklenburg würden herbey geführt werden, um diese Anstrengungen doppelt zu belohnen, weil die Art ihrer Pferde dadurch eine

recevrait une amélioration dont elle avait généralement besoin.

Les Cultivateurs répondirent à l'élan donné par l'Administration; et si l'année n'eût pas été aussi défavorable qu'elle l'a été, il n'y a pas de doute que toutes les espérances de l'Administration n'eussent été réalisées. Il est juste de dire à quel point la saison a été contraire, pour juger, par les résultats qui ont encore été obtenus, combien les efforts des Cultivateurs ont été grands.

Sur la trompeuse apparence d'un printemps assuré, ils confièrent à la terre leurs graines exotiques, et celles du pays : déjà elles avaient levé et elles venaient très-bien, lorsqu'une gelée tardive, et malheureusement trop forte, perdit ces jeunes plants, comme elle perdit, en plusieurs endroits, la vigne, les navettes, etc. Les couches perdues, il fallut les recommencer, et de là un retard qui ne put jamais être réparé sous l'influence humide de la saison. Cependant les couches publiques avaient moins souffert, et elles purent encore fournir des plants de tabacs étrangers. Les Cultivateurs, dont cette gelée avait un moment abattu le courage, le reprirent bientôt, et donnèrent de tels soins à leurs tabacs, qu'ils obtinrent des feuilles magnifiques. Si l'été eût été moins pluvieux, moins froid, la qualité des feuilles eût égalé leur beauté; celles de 1811 n'avaient eu une qualité si supérieure, que parce que l'été avait constamment été chaud.

Enfin arriva l'époque où il devait être prononcé sur le mérite des efforts des Cultivateurs. Cette époque, fixée, comme en 1811, au 3 Décembre, jour anniversaire du Couronnement de Sa Majesté, éprouva quelques jours de retard, toujours par suite d'un été pluvieux et si froid qu'il ne fut pas possible aux tabacs de mûrir aussitôt que les autres années : mûris plus tard, ils ne se trouvèrent point, au 3 Décembre, assez secs pour être pris en livraison par la Régie.

Les Concours des cantons ne s'ouvrirent donc que le 15, et commencèrent par Erstein, Erstein, l'honneur de la culture du tabac, et qui l'année

Verbefferung erhalten werde, deren sie durchgängig benöthigt ift.

Die Ackersleute entsprachen dem von der Verwaltung gegebenen Antrieb; und wäre das Jahr nicht so ungünstig gewesen, wie es wirklich war, so wären alle Hoffnungen der Verwaltung zweifelsohne in Erfüllung gegangen. Billiger Weise muß gesagt werden, wie sehr die Witterung zuwider war, um aus den Resultaten, welche noch erhalten worden sind, zu schließen, wie groß die Anstrengungen der Ackersleute gewesen seyn müssen.

Auf den trüglichen Anschein eines sichern Frühlings, vertrauten sie der Erde ihren ausländischen Samen zugleich mit dem einheimischen an : er war bereits schon aufgegangen und kam sehr gut, als ein später und unglücklicher Weise zu starker Frost diese jungen Setzlinge zu Grunde richtete, so wie er auch an mehreren Orten den Weinstock, den Rebs, zc., verdarb. Da nun die Gutschen verloren waren, mußte man sie neuerbings wieder anfangen, und daher kam eine Verspätigung, die unter dem feuchten Einfluß der Jahrszeit niemahls wieder gut gemacht werden konnte. Die öffentlichen Gutschen hatten jedoch weniger gelitten, und konnten noch Setzlinge von fremdem Tabak liefern. Die Ackersleute, deren Muth durch diesen Frost einen Augenblick niedergeschlagen wurde, faßten ihn aufs neue, und verwendeten eine solche Sorgfalt auf ihren Tabak, daß sie die prächtigsten Blätter erhielten. Wäre der Sommer weniger regnerisch und kalt gewesen, so wäre die Qualität der Blätter ihrer Schönheit gleich gekommen; jene von 1811 waren nur darum von einer so vorzüglichen Qualität, weil der Sommer beständig heiß gewesen war.

Endlich kam der Zeitpunkt, wo über das Verdienst der von den Ackersleuten gemachten Anstrengungen gesprochen werden sollte : dieser Zeitpunkt, wie im Jahr 1811, auf den 3ten Dezember, das Jahresfest der Krönung Seiner Majestät, festgesetzt, erlitt einige Tage Aufschub, immer als Folge eines nassen und kalten Sommers, welcher dem Tabak nicht gestattete eben so bald zeitig zu werden, wie in anderen Jahren. Da er später zeitig wurde, war er am 3ten Dezember noch nicht trocken genug um von der Regie in Empfang genommen zu werden.

Die Concurse der Cantone wurden daher erst am 15ten eröffnet, und begannen mit Erstein : Erstein, der Ehre des

précédente avait obtenu le grand prix dans la personne de Marx Klein.

Les Jurys, composés cette année avec plus de distinction encore que ceux de 1811, étaient de cinq Membres, savoir : deux experts du côté de la Régie, deux autres du côté des Cultivateurs, et le Président ; celui-ci, choisi parmi les premiers fonctionnaires du département, ou parmi les Membres du Conseil général, offrait dès-lors à la Régie, comme aux Cultivateurs, une égale garantie. Les experts de la Régie étaient deux de ses principaux officiers ; savoir : le Garde-magasin général, et le Contrôleur en chef des Magasins. Les deux experts des Cultivateurs étaient des Cultivateurs des plus considérables, des plus estimés et des meilleurs connaisseurs en tabac ; ils étaient pris, pour chaque Concours, non-seulement hors du canton, mais encore hors de l'arrondissement où le concours avait lieu.

Le Jury d'Erstein fut présidé par M. DE TÜNCKHEIM, père, Membre du Conseil général du département. Deux cantons concouraient, mais séparément : c'étaient les cantons de Benfeld et d'Erstein.

Du canton d'Erstein soixante-trois concurrens se présentèrent ; trente-trois seulement furent admis à concourir.

Toutes les formalités qui pouvaient garantir aux Cultivateurs l'impartialité du Jury, furent observées. Voici celles que l'on suivit dans tous les Concours.

Aussitôt qu'une partie de tabac était reconnue digne de concourir, on y attachait un numéro, et elle était enregistrée par le Garde-magasin dans un registre spécial, tant sous ce numéro que sous l'indication du propriétaire ; mais le tabac était placé ensuite dans le lieu destiné au Concours, sous la seule indication de son numéro, de sorte que le Jury ignorait entièrement les noms des propriétaires. Le registre était ficelé et scellé avant que le Jury prononçât sur les tabacs qui y étaient enregistrés.

Le Jury reconnut bientôt que sur les 33 parties

Tabakbaues, welches im verflossenen Jahre, in der Person von Marr Klein, den großen Preis erhalten hatte!

Die Preisgerichte, in diesem Jahre mit noch mehr Auszeichnung zusammen gesetzt als jene von 1811, bestanden aus fünf Mitgliedern; nähmlich: aus zwey Experten von Seiten der Regie, aus zwey Experten von Seiten der Ackersleute, und dem Präsidenten; dieser, aus den ersten Beamten des Departementes oder aus den Mitgliedern des allgemeinen Raths gewählt, both also der Regie, wie den Ackersleuten, eine gleiche Gewährleistung dar. Die Experten der Regie waren zwey ihrer ersten Beamten, nähmlich: der Haupt-Garde-Magasin, und der Ober-Controleur der Magazine. Die zwey Experten der Ackersleute waren von den angesehensten, achtbarsten Ackersleuten und den besten Tabaks-Kennern; für jeden Concurs wurden sie nicht allein außer dem Cantone, sondern auch noch außer dem Bezirke gewählt, woselbst der Concurs Statt haben sollte.

Bey dem Preisgerichte von Erstein führte Hr. von Türckheim, Vater, Mitglied des allgemeinen Departements-Raths, den Vorsitz: zwey Cantone, jeder aber besonders, stritten um die Preise; es waren dieses die Cantone Benfeld und Erstein.

Aus dem Ersteiner Cantone meldeten sich drey und sechzig Preis-Bewerber; aber nur drey und dreyßig wurden zugelassen um mit einander um den Preis zu streiten.

Alle Formalitäten, welche den Ackersleuten für die Unparteylichkeit des Preisgerichtes bürgen konnten, wurden beobachtet. Hier sind die, welche man bey allen Concursen befolgte.

So bald eine Partey Tabak werth befunden wurde um den Preis zu streiten, heftete man eine Nummer an dieselbe, und sie wurde von dem Garde-Magasin, sowohl unter dieser Nummer, als unter dem Nahmen des Eigenthümers, in ein besonderes Register eingeschrieben; der Tabak aber wurde hernach an dem zum Concurs bestimmten Orte, unter der bloßen Anzeige seiner Nummer, hinterlegt, so daß dem Preisgerichte die Nahmen der Eigenthümer gänzlich unbekannt waren. Das Register war mit Bindfaden zugebunden und versiegelt, ehe das Preisgericht über den darin eingetragenen Tabak sprach.

Das Preisgericht fand bald, daß von den drey und dreyßig Parteyen zu dem Concurs angenommenen Tabak,

de tabac admises au Concours, celles sous les numéros 1, 2, 4, 14, 15, 17, 19, 22, 26 et 46, méritaient le plus, par leur beauté et leur qualité, d'être mises en parallèle ; et après un examen scrupuleux et sévère, le numéro 14 fut unanimement déclaré l'emporter sur les autres.

Le registre fut remis alors aux mains du Président du Jury, qui, après en avoir reconnu les scellés intacts, les brisa, et lut le nom de *Philippe* Oswald, en regard du numéro 14.

M. de Tünckheim proclama aussitôt Vainqueur, pour le canton d'Erstein, le Sieur *Philippe* Oswald, de la Commune même d'Erstein.

Le Jury arrêta ensuite qu'il mentionnerait honorablement, dans son procès-verbal, les Cultivateurs dont les tabacs avaient mérité de disputer le prix, et, le relevé fait sur le registre, leurs propriétaires se trouvèrent être, savoir : du n.° 1, le Sieur Kuhn (*George*), d'Erstein ; du n.° 2, le Sieur Schmeltz (*Martin*), d'Erstein ; du n.° 4, le Sieur Herterich (*Martin*), de Nordhausen ; du n.° 15, le Sieur Klein (*Marx*), d'Erstein, le même qui, l'année précédente, remporta le prix cantonal et le grand prix ; du n.° 17, le Sieur Corbé (*Barthelemi*), d'Erstein ; du n.° 19, le Sieur Ringeisen (*Antoine*), le vieux, d'Erstein ; du n.° 22, le Sieur Kieffert (*Florent*), d'Erstein ; du n.° 26, le Sieur Issenhaut (*Mathieu*), de Hindisheim, et du n.° 46, le Sieur Wolff (*Charles*), d'Uttenheim.

Du canton de Benfeld, vingt-cinq Cultivateurs se mirent sur les rangs ; dix-huit seulement eurent des tabacs dignes de concourir.

Sur ces dix-huit parties, celles sous les n.°ˢ 34, 37, 44, 45 et 48, furent trouvées les plus belles, et, après un examen attentif, celle sous n.° 34 réunit les suffrages du Jury.

Le registre des Concurrens du canton de Benfeld fut remis au Président du Jury. M. de Türckheim brisa les scellés, après les avoir reconnus intacts, et lut le nom d'*Ignace* Rohmer, en regard du n.° 34.

jene unter ben Nummern 1, 2, 4, 14, 15, 17, 19, 22, 26 und 46, wegen ihrer Schönheit und ihrer Güte am meisten verdienten mit einander verglichen zu werden ; und nach einer gewissenhaften und strengen Untersuchung wurde einstimmig erklärt, daß der Nummer 14 vor allen anderen der Vorzug gebühre.

Das Register wurde alsdann dem Präsidenten des Preisgerichtes übergeben, der die Siegel unverletzt befand, dieselben zerbrach, und den Nahmen Philipp Oswald, der Nro. 14 gegen über stehend, vorlas.

Alsobald rief Hr. von Türckheim, für den Ersteiner Canton, den Hrn. Philipp Oswald, aus der Gemeinde Erstein selbst, zum Sieger aus.

Hierauf beschloß das Preisgericht, daß von den Ackersleuten, deren Tabak verdient hatte den Preis streitig zu machen, in seinem Verbal-Prozeß ehrenvolle Meldung gethan werden sollte, und nach dem, aus dem Register gemachten Auszuge fand sich, daß die Eigenthümer davon waren ; nähmlich : von Nro. 1, Hr. Georg Kuhn, von Erstein ; von Nro. 2, Hr. Martin Schmetz, von Erstein ; von Nro. 4, Hr. Martin Herterich, von Nordhausen ; von Nro. 15, Hr. Marx Klein, von Erstein, der nähmliche, welcher im verflossenen Jahre den Cantonal- und den großen Preis davon trug ; von Nro. 17, Hr. Bartholomäus Corbe, von Erstein ; von Nro. 19, Hr. Anton Ringeisen, der Alte, von Erstein ; von Nro. 22, Hr. Florenz Kieffert, von Erstein ; von Nro. 26, Hr. Matthäus Issenhaut, von Hindisheim, und von Nro. 46, Hr. Carl Wolff, von Uttenheim.

Aus dem Benfelder Cantone erschienen fünf und zwanzig Ackersleute in den Reihen ; achtzehn nur hatten Tabak, der werth war um den Preis zu streiten.

Von diesen achtzehn Parteyen Tabak wurden jene unter den Nummern 34, 37, 44, 45 und 48, als die schönsten befunden, und nach einer aufmerksamen Untersuchung vereinigte jene unter Nro. 34 die Stimmen des Preisgerichtes in sich.

Das Register der Preis-Bewerber aus dem Benfelder Cantone wurde dem Präsidenten des Preisgerichtes übergeben. Hr. von Türckheim erbrach die Siegel, nachdem er dieselben unversehrt befunden hatte, und las den Nahmen von Ignaz Rohmer, welcher der Nummer 34 gegen über stand.

Il proclama alors Vainqueur, pour le canton de Benfeld, le sieur *Ignace* Rohmer, Cultivateur, Maire de Kogenheim.

Le Jury se décida ensuite à mentionner d'une manière honorable, dans son procès-verbal, les Cultivateurs dont les tabacs avaient disputé le prix au Vainqueur; et après avoir recouru au registre, il reconnut que ces Cultivateurs étaient, savoir: le sieur Reubell (*Florent*), de Benfeld, propriétaire du n.° 37; le sieur Kirrstetter (*George*), d'Ehl, propriétaire du n.° 44; le sieur Andlauer (*Ferdinand*), de Sermersheim, propriétaire du n.° 45; et le sieur Stachler (*François-Joseph*), de Benfeld, propriétaire du n.° 48.

Afin de reconnaître auquel des Vainqueurs des cantons d'Erstein et de Benfeld il serait juste de décerner l'étalon le *Maryland*, plus beau que l'étalon le *Tabago*, les tabacs couronnés furent mis en comparaison, et le Jury, après un nouvel examen, décida que le sieur Rohmer aurait la préférence, parce que ses tabacs étaient au moins aussi beaux que ceux du sieur Oswald, et que de plus il avait présenté quatre variétés de tabacs exotiques. Cette considération détermina le Jury, qui annonça publiquement au sieur *Ignace* Rohmer, que l'étalon le *Maryland* lui était décerné, et que l'étalon le *Tabago* appartenait au sieur *Philippe* Oswald. Tous deux furent prévenus que ces prix leur seraient délivrés, le 28 du courant, à la solennité du grand Concours.

Les nombreuses parties de tabac présentées par les cantons d'Erstein et de Benfeld étaient d'une grande beauté, et le Jury s'est montré sévère, en éloignant beaucoup de Cultivateurs qui, l'année précédente, y eussent été admis avec des tabacs semblables.

La préparation laissait généralement peu à désirer, et le Jury a été extrêmement surpris de trouver à ce premier Concours des feuilles d'une telle beauté, après un été aussi défavorable.

La proclamation des Vainqueurs eut lieu avec beaucoup d'appareil. Les Autorités du canton étaient

Er rief alsdann, für den Benfelder Canton, den Hrn. Ignaz Rohmer, Ackersmann und Maire von Kogenheim, zum Sieger aus.

Das Preisgericht entschied hierauf, daß von den Ackersleuten, deren Tabak dem Sieger den Preis streitig gemacht hatte, in seinem Verbal-Prozesse auf eine ehrenvolle Weise Meldung gethan werden sollte; und nachdem es das Register nachgeschlagen hatte, fand es, daß diese Ackersleute waren: nähmlich Hr. Florenz Reubel, von Benfeld, Eigenthümer von Nro. 37; Hr. Georg Kirrstetter, von Ehl, Eigenthümer von Nro. 44; Hr. Ferdinand Andlauer, von Sermersheim, Eigenthümer von Nro. 45; und Hr. Franz Joseph Stachler, von Benfeld, Eigenthümer von Nro. 48.

Um nun zu sehen, welchem von den Siegern des Ersteiner und des Benfelder Cantons es billig wäre, den Hengst Maryland, der schöner als der Hengst Tabago war, zuzuerkennen, wurden die gekrönten Parteyen Tabak miteinander verglichen; und nach einer neuen Unterfuchung entschied das Preisgericht, daß Hr. Rohmer den Vorzug haben sollte, weil sein Tabak wenigstens eben so schön war als der des Hrn. Oswald, und weil er überdas viererley Arten ausländischen Tabaks dargebracht hatte. Diese Rücksicht brachte das Preisgericht zum Entschluß, und es kündigte dem Hrn. Ignaz Rohmer öffentlich an, daß ihm der Hengst Maryland zuerkannt sey, und daß der Hengst Tabago dem Hrn. Philipp Oswald gehöre. Allen beyden wurde angezeigt, daß ihnen diese Preise am 28sten laufenden Monaths, bey der Feyerlichkeit des großen Concurses, würden übergeben werden.

Die zahlreichen Parteyen Tabak, welche von den Cantonen Erstein und Benfeld dargebracht wurden, waren äußerst schön, und das Preisgericht zeigte sich sehr streng, indem es viele Ackersleute, die im verflossenen Jahre mit dergleichen Tabak wären zugelassen worden, abwies.

Die Zubereitung des Tabaks ließ im Ganzen wenig zu wünschen übrig, und das Preisgericht war sehr erstaunt, bey diesem Concurse so schöne Blätter nach einem so ungünstigen Sommer zu finden.

Die Ausrufung der Sieger geschah mit vieler Feyerlichkeit. Die Behörden des Cantons waren im Blätter-Maga-

réunies au Magasin des feuilles ; la garde nationale était sous les armes ; la musique se faisait entendre, et vingt Demoiselles de la Ville, vêtues de blanc, portaient un dôme de fleurs, sous lequel les Vainqueurs ont été placés aprés avoir été couronnés par M. DE TÜRCKHEIM, Président du Concours.

Le Préfet était venu à ce premier Concours avec le Secrétaire général, afin de voir décerner les premières couronnes. Le même intérêt y avait amené l'Inspecteur général de la Régie, le Régisseur de la Manufacture impériale, et d'autres Fonctionnaires.

Par les soins de M. DE TÜRCKHEIM un repas de soixante-dix couverts avait été préparé dans une des salles de la Maison commune d'Erstein : les Autorités, les Vainqueurs, s'y rendirent en cortége. Pour l'homme qui aime la prospérité de son pays, pour l'agriculture dont ce jour était la fête, il était doux de voir tous les habitans, la joie sur le front, hors de leurs maisons, malgré la rigueur du froid, suivant le cortége, où se trouvaient le Préfet, le Secrétaire général, les Officiers supérieurs de la Régie, les Maires des cantons, et ces jeunes Demoiselles qui suspendaient des fleurs sur la tête des Vainqueurs : la musique précédait le cortége, que la garde nationale terminait.

Au repas, les Vainqueurs eurent les places d'honneur. Les Demoiselles du cortége chantèrent des couplets. Des toasts à LEURS MAJESTÉS, au ROI DE ROME, à nos armées, furent portés avec enthousiasme; les Vainqueurs furent ensuite salués, et l'on n'oublia point la prospérité de la Culture.

Ainsi se passa le premier Concours, qui fit bien augurer des suivans.

Le surlendemain, 17, le Concours de Sélestat s'ouvrit ; il était présidé par M. CUNIER, Sous-préfet de l'arrondissement. Le canton de Marckolsheim concourait avec celui de Sélestat, pour obtenir l'étalon le *Varinas*. Trente-six Cultivateurs se présentèrent pour disputer le prix : vingt-six seulement furent admis à cet honneur. Bientôt les tabacs sous les n.ᵒˢ 6, 13, 20 et 23, furent jugés, par leur beauté

zine verſammelt, die Nationalgarbe ſtand unterm Gewehr, die Muſik ertönte, und zwanzig weiß gekleidete Jungfrauen aus der Stadt trugen einen Bogen von Blumen, unter den die Sieger geſtellt wurden, nachdem ſie Hr. von Türckheim, Präſident des Concurſes, zuvor gekrönt hatte.

Zu dieſem erſten Concurſe war der Präfekt nebſt dem General-Sekretär gekommen, um die erſten Kronen austheilen zu ſehen : das nähmliche Intereſſe bewog auch den General-Inſpektor der Regie, den Regiſſeur der kaiſerlichen Manufaktur, und andere Beamte, dahin zu kommen.

Durch die Fürſorge des Hrn. von Türckheim war ein Mahl von ſiebenzig Gebecken in einem der Säle des Gemeindehauſes von Erſtein veranſtaltet worden ; die Behörden, die Sieger, begaben ſich im Zuge dahin. Für den Mann, dem die Wohlfahrt ſeines Landes lieb iſt, für den Ackerbau, deſſen Feſt heute gefeyert ward, war es ſüß, alle Einwohner mit fröhlichem Geſichte, der ſtrengen Kälte ungeachtet, außer ihren Häuſern, und dem Zuge folgen zu ſehen, wobey ſich der Präfekt, der General-Sekretär, die Ober-Beamten der Regie, die Maires der Cantone, und jene Jungfrauen befanden, welche das Haupt der Sieger mit Blumen ſchmückten : die Muſik ging dem Zuge voran, und die Nationalgarde ſchloß ihn.

Bey dem Mahle wurden den Siegern die oberſten Plätze angewieſen. Die Jungfrauen vom Zuge ſangen Verſe. Ihren Majeſtäten, dem Könige von Rom, unſeren Armeen, wurden mit Enthuſiasmus Toaſts ausgebracht ; hierauf wurden die Sieger begrüßt, und das Gedeihen des Tabakbaues wurde nicht vergeſſen.

So verging der erſte Concurs, welcher vortheilhaft auf die folgenden ſchließen ließ.

Zwey Tage darauf, am 17ten, wurde der Schlettſtadter Concurs eröffnet ; Hr. Cunier, Unter-Präfekt des Bezirkes, führte bey demſelben den Vorſitz. Der Canton Markolsheim bewarb ſich mit jenem von Schlettſtadt um den Hengſt Varinas. Sechs und dreyßig Ackersleute meldeten ſich, um mit einander um den Preis zu ſtreiten ; ſechs und zwanzig nur wurden zu dieſer Ehre zugelaſſen. Die Parteyen Tabak unter den Nummern 6, 13, 20 und 23, wurden, wegen ihrer vollkommenen Schönheit, wegen der Zubereitung ihrer Blätter und wegen ihrer Güte, für werth ge-

parfaite, leur préparation, leur qualité, dignes de concourir entre eux. De ces quatre parties les n.ºs 6 et 20 méritèrent la préférence; et le Jury, n'ayant qu'un prix à décerner, indécis de savoir auquel de ces deux numéros il l'accorderait, passa près de trois heures en discussion, et finit par aller aux voix par scrutin secret, ne trouvant aucun autre moyen de terminer cette longue lutte entre ces deux parties de tabacs également belles. Le n.° 20 obtint trois voix, et fut proclamé Vainqueur par le Jury. Il appartenait au sieur *George* Dengler, Cultivateur et aubergiste à Sélestat. Le Jury lui annonça que le *Varinas* lui appartenait, et qu'il lui serait décerné le jour du grand Concours.

Le Préfet, instruit de la longue hésitation du Jury entre les n.ºs 20 et 6, se décida de suite à calmer le regret qu'il avait manifesté de n'avoir pas eu un second prix à décerner, et par un arrêté spécial, en date du 20 Décembre, il accorda comme second prix à Mad. veuve *Mathieu*, de Heidolsheim, canton de Marckolsheim, propriétaire du n.° 6, une belle jument, nommée la *Cigare* : afin de rendre justice complète, le même arrêté statua que les tabacs de Mad. Mathieu seraient admis à concourir à Strasbourg, le 28 du même mois, pour le grand prix.

Les tabacs sous n.ºs 13 et 23, honorablement mentionnés dans le procès-verbal du Jury, appartenaient, le n.° 13, à M. Streicher (*Antoine*), de Sélestat, et le n.° 23 à M. Knopfli (*Martin*), de Hilsenheim.

Le Vainqueur couronné, M. *George* Dengler, fut conduit par la ville, avec la musique et la garde nationale. Un banquet préparé par les soins de l'Inspecteur général de la Régie, du Régisseur de la Fabrique impériale et des deux Officiers de la Régie, Membres du Jury, termina la fête, qui se passa, comme à Erstein, avec cette joie vive que fait éprouver une institution dont le but est d'une utilité générale.

Le 19 Décembre, jour fixé pour le Concours

halten, mit einander um den Preis zu streiten. Von diesen vier Parteyen verdienten die Nummern 6 und 20 den Vorzug; und das Preisgericht, da es nur einen Preis zu ertheilen hatte, unschlüffig, welcher von diesen beyden Nummern es ihn zuerkennen sollte, brachte beynahe drey Stunden mit Untersuchungen zu, und schloß mit einer Stimmen-Sammlung durch geheimes Scrutinium, weil es kein anderes Mittel fand, dem langen Kampfe zwischen diesen zwey Parteyen gleich schönem Tabak ein Ende zu machen. Nro. 20 erhielt drey Stimmen, und wurde von dem Preisgerichte als Sieger ausgerufen : es gehörte dem Hrn. Georg Dengler, Ackersmann und Gastgeber zu Schlettstadt. Das Preisgericht kündigte ihm an, daß der *Varinas* ihm zugehöre, und daß er ihm am Tage des großen Concurses würde übergeben werden.

Der Präfekt, welcher erfahren hatte, wie lange das Preisgericht zwischen den Nummern 20 und 6 unschlüffig geblieben war, entschloß sich sogleich, das von demselben geäußerte Bedauern, daß es nähmlich keinen zweyten Preis zu ertheilen habe, zu stillen, und durch einen besondern Schluß vom 20sten Dezember, bewilligte er, als zweyten Preis, der Frau Wittwe Matthieu, von Heidolsheim, im Markolsheimer Cantone, Eigenthümerin von Nro. 6, eine schöne Stute, die *Cigare* genannt; und, um vollkommene Gerechtigkeit zu üben, war durch den nähmlichen Schluß verordnet, daß der Tabak der Frau Matthieu angenommen werden sollte, um den 28sten des nähmlichen Monaths zu Straßburg mit um den großen Preis zu streiten.

Die Parteyen Tabak unter den Nummern 13 und 23, deren im Verbal-Prozeß des Preisgerichtes ehrenvoll erwähnt wurde, gehörten : Nro. 13, dem Hrn. Anton Streicher, von Schlettstadt; und Nro. 23, dem Hrn. Martin Knopfli, von Hilsenheim.

Der gekrönte Sieger, Hr. Georg Dengler, wurde mit Musik und von der Nationalgarde begleitet durch die Stadt geführt; ein durch die Vorforge des General-Inspektors der Regie, des Regisseurs der kaiserlichen Fabrik und der beyden Beamten der Regie, Mitglieder des Preisgerichtes, veranstaltetes Banquet, beschloß das Fest, welches, wie zu Erstein, unter jener lebhaften Freude verfloß, die eine Stiftung fühlen läßt, deren Zweck der allgemeine Nutzen ist.

Den 19ten Dezember, an dem für den Ober-Ehnheimer

d'Obernai, où les cantons de Barr, d'Obernai et de Rosheim, devaient se disputer ensemble l'étalon le *Grand-Alsace*, vingt-trois Cultivateurs présentèrent leurs tabacs au Jury, présidé par M. de Montbrison, Recteur de l'Académie de Strasbourg et Membre du Conseil général du département. De ces vingt-trois Concurrens quatorze seulement furent admis.

Les parties de tabac sous les n.ᵒˢ 1, 5, 11, 13 et 14, méritèrent par leur beauté et leur qualité d'être mises en comparaison : et, après un examen sévère, le tabac sous le n.ᵒ 14 fut proclamé Vainqueur par le Jury. Il appartenait au sieur *Joseph* Ortlieb, Cultivateur de la Commune d'Obernai, le même qui, l'année précédente, avait déjà obtenu le prix. Le Président le félicita sur sa nouvelle victoire, et lui dit que de nouveaux succès étaient de nouveaux engagemens de mériter la palme chaque année. Il lui annonça que le *Grand-Alsace* lui appartenait, et qu'il le recevrait, le 28, à la distribution générale des prix.

Le Jury mentionna honorablement les n.ᵒˢ 1, 5, 11 et 13, dont étaient propriétaires, savoir, du n.ᵒ 1, le sieur Graff (*Balthasar*), d'Obernai; du n.ᵒ 5, le sieur Bodemer (*Philippe*), de Meistratzheim; du n.ᵒ 11, le sieur Kirrmann (*Nicolas*), de la même Commune; et du n.ᵒ 13, le sieur Hügel (*Joseph*), aussi de Meistratzheim, canton d'Obernai.

L'Inspecteur général des Droits réunis, le Régisseur de la Manufacture impériale, et les deux Officiers de la Régie, Membres du Jury, voulurent encore faire les honneurs de la fête, et ils invitèrent le Vainqueur, les Maires des cantons d'Obernai et de Rosheim, ainsi que les Cultivateurs admis au Concours, à un repas où le Vainqueur prit la place d'honneur, et qui se termina par des toasts chers à tous les Français.

Le 21, le Concours de Molsheim s'ouvrit pour les cantons de Molsheim et Wasselonne : M. Nebel, Membre du Conseil général du département, présidait le Jury. Soixante-cinq Cultivateurs présentèrent des tabacs; quatorze seulement furent admis

---

Concurs festgesetzten Tage, wo die Cantone Barr, Ober-Ehnheim und Rosheim mit einander um den Hengst, der große Elsasser genannt, stritten, legten drey und zwanzig Ackersleute ihren Tabak dem Preisgerichte vor, bey welchem Hr. von Montbrison, Rektor der Akademie von Straßburg und Mitglied des allgemeinen Departements-Raths, den Vorsitz führte. Von diesen drey und zwanzig Preis-Bewerbern wurden nur vierzehn zugelassen.

Die Parteyen Tabak unter den Nummern 1, 5, 11, 13 und 14, verdienten wegen ihrer Schönheit und ihrer Güte mit einander verglichen zu werden, und nach strenger Untersuchung wurde dem Tabak unter Nro. 14 von dem Preisgerichte der Sieg zuerkannt. Derselbe gehörte dem Hrn. Joseph Ortlieb, Ackersmann aus der Gemeinde Ober-Ehnheim, der nähmliche, welcher schon im verflossenen Jahre den Preis erhalten hatte. Der Präsident wünschte ihm zu seinem neuen Siege Glück, und sagte ihm, daß neue Erfolge neue Verpflichtungen seyen, um jedes Jahr die Palme zu verdienen. Er kündigte ihm an, daß der große Elsasser ihm zugehöre, und daß er ihn am 28sten bey der allgemeinen Preis-Austheilung erhalten werde.

Das Preisgericht erwähnte ehrenvoll der Nummern 1, 5, 11 und 13, wovon die Eigenthümer waren; nähmlich: von Nro. 1, Hr. Balthasar Graff, von Ober-Ehnheim; von Nro. 5, Hr. Philipp Bodemer, von Meistratzheim; von Nro. 11, Hr. Niklaus Kirrmann, aus der nähmlichen Gemeinde; und von Nro. 13, Hr. Joseph Hügel, ebenfalls aus Meistratzheim, im Ober-Ehnheimer Cantone.

Der General-Inspektor der vereinigten Gebühren, der Regisseur der kaiserlichen Manufaktur, und die beyden Beamten der Regie, Mitglieder des Preisgerichtes, veranstalteten auch hier das Fest, und luden den Sieger, die Maires der Cantone Ober-Ehnheim und Rosheim, desgleichen auch die zum Concurse zugelassenen Ackersleute, zu einem Mahle ein, wo der Sieger den obersten Platz einnahm, und welches sich mit, allen Franzosen theuern, Gesundheiten endigte.

Am 21sten wurde der Molsheimer Concurs für die Cantone Molsheim und Waßlenheim eröffnet; Hr. Nebel, Mitglied des allgemeinen Departements-Raths, führte bey dem Preisgerichte den Vorsitz. Fünf und sechzig Ackersleute brachten Tabak dar; vierzehn nur wurden zur Bewerbung um den Preis zugelassen. Nach einer ersten Untersuchung wurden

à concourir. Après un premier examen, les tabacs sous les n.ᵒˢ 4, 6, 8, 9, 10 et 12, furent jugés les plus dignes de se disputer le prix, qui consistait en l'Étalon le *Porto-Ricco*. Les voix finirent par se réunir en faveur du n.ᵒ 6 : il fut reconnu appartenir au Sieur Falck (*Charles*), Cultivateur de la Commune de Molsheim. Le Jury le proclama Vainqueur, et lui annonça qu'au grand Concours le *Porto-Ricco* lui serait décerné.

Les n.ᵒˢ 4, 8, 9, 10 et 12 furent mentionnés honorablement : le propriétaire du n.ᵒ 4 était le Sieur Kieffer (*Antoine*), de Molsheim; du n.ᵒ 8, le Sieur Gœtz (*Materne*), de Marlenheim; du n.ᵒ 9, le Sieur Hesse (*Antoine*), de Molsheim; du n.ᵒ 10, le Sieur Brasseler, de Mutzig, et du n.ᵒ 12, le Sieur Spehner (*Sébastien*), d'Altorf.

Le Sieur Brasseler est le Cultivateur dont le tabac a le plus disputé le prix au Sieur Falck.

Après avoir couronné le Vainqueur, au bruit des fanfares, en présence du Maire de Molsheim, de ses Adjoints, des Maires des cantons de Molsheim et de Wasselonne, qui s'étaient rendus au lieu du Concours avec un détachement de la garde nationale de Molsheim, le Jury se transporta avec ce cortége à l'Hôtel de ville : le Président prononça en allemand un discours, où il fit sentir à tous les Cultivateurs présens, les avantages de la culture du tabac, et les efforts qu'elle exigeait d'eux, pour qu'ils la conservassent; il donna au Vainqueur les éloges qu'il méritait; il en donna à tous les Cultivateurs qui avaient mérité d'être admis au Concours, et particulièrement au Sieur Brasseler, qui avait été si près d'obtenir le prix : ne pouvant en décerner un second, M. Nebel l'invita particulièrement à assister à la fête du grand Concours.

Le Cortége quitta ensuite l'Hôtel de ville, et se rendit au lieu où M. Nebel, Président du Jury, avait fait préparer un repas, auquel il avait invité le Vainqueur, les Membres du Jury, les Officiers de la Régie, les Maires des cantons et les Cultivateurs admis au Concours. Le Vainqueur fut placé à la droite du Président, et reçut les honneurs de la

die Parteyen Tabak unter den Nummern 4, 6, 8, 9, 10 und 12 für werth gehalten, mit einander um den Preis zu streiten, welcher in dem Hengste Porto=Ricco bestand. Die Stimmen vereinigten sich endlich zu Gunsten des Tabaks unter Nro. 6; es wurde erkannt, daß er dem Hrn. Carl Salck, Ackersmann aus der Gemeinde Molsheim, gehöre. Das Preisgericht rief ihn als Sieger aus, und kündigte ihm an, daß ihm bey dem großen Concurse der Porto=Ricco werde zuerkannt werden.

Von den Nummern 4, 8, 9, 10 und 12 wurde ehrenvolle Meldung gethan : von Nro. 4 war Eigenthümer Hr. Anton Kieffer, von Molsheim; von Nro. 8, Hr. Matern Götz, von Marlenheim; von Nro. 9, Hr. Anton Heffe, von Molsheim; von Nro. 10, Hr. Braffeler, von Mußig; und von Nro. 12, Hr. Sebastian Spehner, von Altdorf.

Hr. Braffeler hat durch seinen Tabak den Sieg dem Hrn. Salck am längsten streitig gemacht.

Nachdem der Sieger unter Trompetenschall und in Gegenwart des Maire von Molsheim, seiner Adjunkten, der Maires der Cantone Molsheim und Waßlenheim, die sich in Begleitung eines Detaschements der Nationalgarde an den Ort des Concurses begeben hatten, gekrönt worden war, verfügte sich das Preisgericht mit diesem Zuge nach dem Stadthause : der Präsident hielt in deutscher Sprache eine Rede, worin er allen gegenwärtigen Ackersleuten die Vortheile des Tabakbaues, und die Anstrengungen, welche er von ihnen erfordert, damit sie ihn behalten, fühlen ließ; dem Sieger ertheilte er die Lobsprüche welche er verdiente; er ertheilte deren auch allen Ackersleuten, die für würdig gehalten wurden zum Concurse zugelassen zu werden, und vorzüglich dem Hrn. Braffeler, welcher so nahe war, den Preis zu erhalten : da Hr. Nebel keinen zweyten Preis zu ertheilen hatte, so lud er ihn besonders ein, dem Feste des großen Concurses beyzuwohnen.

Der Zug verließ hierauf das Stadthaus, und begab sich an den Ort, wo Hr. Nebel, Präsident des Preisgerichtes, eine Mahlzeit hatte bereiten lassen, zu welcher der Sieger, die Mitglieder des Preisgerichtes, die Beamten der Regie, die Maires der Cantone und die zum Concurs zugelassenen Ackersleute eingeladen wurden. Der Sieger erhielt seinen Platz zur Rechten des Präsidenten, und empfing die Ehren=

fête. Des toasts y furent portés à l'EMPEREUR, à l'IMPÉRATRICE, au ROI DE ROME, à la prospérité de la Culture, etc. etc., aux acclamations des convives et au bruit de la musique.

Le 23 Décembre, les cantons de Haguenau, Bischwiller et Brumath, concoururent au Magasin de Haguenau. Le Jury était présidé par M. MORLET, Colonel, Directeur du Génie, Président de la Société d'agriculture.

Des dix-huit Cultivateurs qui présentèrent des tabacs, huit seulement furent admis au Concours. Bientôt les n.os 3 et 7 furent trouvés dignes d'être mis en parallèle; et, après l'examen le plus attentif, le Jury déclara que le prix était mérité par le n.° 3. Il appartenait au Sieur PAULUS (*Martin*), Cultivateur de la Commune de Haguenau. Le Président le proclama Vainqueur, et lui annonça que l'étalon le *Grand-Asiatique* lui était décerné, et qu'il le recevrait à la fête du grand Concours.

Le Jury témoigna ensuite publiquement le regret de n'avoir point de prix à donner au n.° 7, dont le propriétaire était le Sieur HELMSTETTER, Cultivateur de la Commune de Pfaffenhoffen. Le Jury a encore mentionné honorablement dans son procès-verbal, les propriétaires des n.os 1, 2, 4, 5, 6 et 9, savoir : du n.° 1, le Sieur BERTRAND (*Chrétien*), de Bischwiller; du n.° 2, le Sieur AMMAN (*Jean*), d'Olvisheim; du n.° 4, le Sieur BECKER (*Jacques*), de Brumath; du n.° 5, le Sieur MEYER (*Antoine*), de Bilvisheim; du n.° 6, le Sieur GERST (*George*), de Pfaffenhoffen; et du n.° 9, le Sieur FISCHER (*Jean-George*), de Mittelschæffolsheim.

Le même jour, 23 Décembre, la ville de Wissembourg avait vu s'ouvrir un Concours où les cantons de Candel et Landau devaient se disputer l'étalon l'*Amersfort*. M. VERNY, Sous-préfet de l'arrondissement, présidait ce Concours. Neuf Cultivateurs y présentèrent leurs tabacs; sept seulement furent admis. Les n.os 1, 2 et 4 furent bientôt reconnus les plus beaux de toute manière; et, après avoir scrupuleusement examiné ces trois parties, le n.° 2 fut proclamé Vainqueur par le Jury. Il

bezeugungen des Festes. Es wurden dabey, unter lautem Zujauchzen der Gäste und unter dem Schalle der Musik, auf den Kaiser, die Kaiserin, den König von Rom, auf das Gedeihen des Tabakbaues, ꝛc., Toasts ausgebracht.

Den 23sten Dezember stritten die Cantone Hagenau, Bischweiler und Brumath, in dem Magazine zu Hagenau, mit einander um den Preis. Bey dem Preisgerichte führte Hr. Morlet, Oberst, Direktor des Geniewesens, Präsident der Ackerbau-Gesellschaft, den Vorsitz.

Von den achtzehn Ackersleuten, welche Tabak darbrachten, wurden nur acht zu dem Concurse zugelassen. Bald wurden die Nummern 3 und 7 für werth befunden mit einander verglichen zu werden, und nach der aufmerksamsten Untersuchung erklärte das Preisgericht, daß der Tabak unter Nro. 3 den Preis verdiene : er gehörte dem Hrn. Martin Paulus, Ackersmann aus der Gemeinde Hagenau. Der Präsident rief ihn als Sieger aus, und kündigte ihm an, daß ihm der Hengst, der große Asiate genannt, zuerkannt sey, und daß er ihn bey dem Feste des großen Concurses erhalten werde.

Das Preisgericht äußerte hierauf öffentlich sein Bedauern, daß es für Nro. 7, dessen Eigenthümer Hr. Helmstetter, Ackersmann aus der Gemeinde Pfaffenhoffen, war, keinen Preis zu ertheilen habe. Das Preisgericht erwähnte in seinem Verbal-Prozesse auch ehrenvoll der Eigenthümer von Nro. 1, 2, 4, 5, 6 und 9; nähmlich : von Nro. 1, des Hrn. Christian Bertrand, von Bischweiler; von Nro. 2, des Hrn. Johann Ammann, von Olvisheim; von Nro. 4, des Hrn. Jakob Becker, von Brumath; von Nro. 5, des Hrn. Anton Meyer, von Bilvisheim; von Nro. 6, des Hrn. Georg Gerst, von Pfaffenhoffen; und von Nro. 9, des Hrn. Johann Georg Fischer, von Mittelschäffols-heim.

Am nähmlichen Tage, den 23sten Dezember, sah die Stadt Weißenburg einen Concurs sich eröffnen, wo die Cantone Candel und Landau mit einander um den Hengst, der Amersforter genannt, streiten sollten : Hr. Verny, Unter-Präfekt des Bezirkes, führte bey diesem Concurse den Vorsitz. Neun Ackersleute brachten ihren Tabak dahin; sieben nur wurden zugelassen. Die Nummern 1, 2 und 4, wurden bald als die schönsten in jeder Rücksicht erkannt; und nachdem diese drey Parteyen gewissenhaft untersucht

appartenait au Sieur Feinholtz (*Michel*), Cultivateur de la Commune de Herxheim, canton de Landau : le même Feinholtz auquel, l'année précédente, des palmes furent données par les Cultivateurs
ses rivaux, qui reconnurent la beauté supérieure de
ses feuilles; le même auquel le Préfet, instruit de
ces particularités honorables, écrivit une lettre flat-
teuse; le même, enfin, qui, pour mériter de semblables éloges, redoubla d'efforts, et présenta en
effet, au Concours de 1812, des tabacs qui, sans
contredit, étaient des plus beaux que les Jurys
eussent vus dans les Concours qui avaient pré-
cédé.

Le Président témoigna au Vainqueur la satisfac-
tion que le Jury ressentait de le voir justifier toutes les espérances qu'il avait données l'année précédente, et il lui annonça que l'étalon l'*Amersfort*
lui serait décerné à la fête du grand Concours.

Le Jury témoigna ensuite le regret de n'avoir
qu'un prix à décerner, et il arrêta de mentionner
honorablement les n.ºs 1 et 4. Le propriétaire du
n.° 1 était le Sieur Wagner (*Conrad*), de la Commune de Herxheim, et le propriétaire du n.° 4 était
le Sieur Trauth (*Fréderic*), de Queichheim, tous
deux du Canton de Landau.

Cette fête de l'Agriculture avait été préparée avec
un grand soin par M. le Sous-préfet, Président du
Jury.

Sur son invitation, les Membres du Tribunal
civil, les Fonctionnaires civils et militaires, le
corps des Officiers du 40.° régiment en garnison
à Wissembourg, s'étaient rendus à la Sous-préfec-
ture. De jeunes Demoiselles, portant des guirlandes
de fleurs, y avaient été aussi appelées. Les Maires
des cantons de Candel et de Landau y étaient arrivés à la tête d'une cavalcade de jeunes Cultivateurs
et de jeunes paysannes, uniformément vêtus suivant le costume du pays.

Le Vainqueur fut couronné par M. Verny, au
bruit des fanfares, et n'ayant qu'un prix à décerner, il donna une palme aux deux Cultivateurs

worden, wurde der Tabak unter Nro. 2 als Sieger ausgerufen : der Eigenthümer desselben war Hr. Michael
Seinholtz, Ackersmann aus der Gemeinde Herrheim, im
Cantone Landau, der nähmliche, dem im verflossenen Jahre
von den Ackersleuten, seinen Nebenbuhlern, welche die vor-
zügliche Schönheit seiner Blätter anerkannten, Siegespalmen
ertheilt wurden; der nähmliche, welchem der Präfekt, von
jener schätzbaren Vorfallenheit unterrichtet, einen schmei-
chelhaften Brief schrieb; der nähmliche, welcher, um
dergleichen Lobsprüche zu verdienen, seine Anstrengungen
verdoppelte, und wirklich zu dem Concurse von 1812 Tabak
brachte, der unwidersprechlich mit von dem schönsten war,
den die Preisgerichte je bey den vorherigen Concursen gesehen
hatten.

Der Präsident bezeugte dem Sieger das Wohlgefallen,
welches das Preisgericht empfand, alle Hoffnungen, die er
im verflossenen Jahre gegeben hatte, erfüllt zu sehen,
und kündigte ihm an, daß der Hengst, der Amersforter
genannt, ihm bey dem Feste des großen Concurses werde
zuerkannt werden.

Das Preisgericht bedauerte hierauf, daß es nur einen
Preis zu ertheilen habe, und es beschloß, von den Nummern
1 und 4 ehrenvolle Meldung zu thun. Der Eigenthümer
von Nro. 1 war Hr. Conrad Wagner, aus der Gemeinde Herrheim; und der Eigenthümer von Nro. 4 war
Hr. Friedrich Trauth, von Queichheim : beyde aus dem
Cantone Landau.

Die Zubereitung zu diesem Feste des Ackerbaues war
von dem Hrn. Unter-Präfekten, Präsidenten des Preisgerichtes, mit großer Sorgfalt gemacht worden.

Auf seine Einladung hatten sich die Mitglieder des Civil-
Gerichtes, die Civil- und Militär-Beamten, das Offizier-
Corps vom 40sten Regimente, zu Weißenburg in Garnison,
nach der Unter-Präfektur begeben : junge Frauenzimmer,
welche Blumenkränze trugen, waren ebenfalls dahin berufen
worden. Die Maires der Cantone Candel und Landau
waren an der Spitze eines Reiterzuges von jungen Ackersleuten und jungen Bäuerinnen, einförmig nach Landestracht
gekleidet, daselbst angekommen.

Der Sieger wurde unter Trompetenschall von Hrn. Verny
gekrönt; und da derselbe nur einen Preis zu ertheilen hatte,
so gab er den beyden Ackersleuten, Wagner und Trauth,

Wagner et Trauth, qui l'avaient disputé au Vainqueur. Ensuite il prononça en allemand un discours où il fit ressortir le but de ces Concours, qui tendent à l'amélioration de l'agriculture, et principalement à la conservation de la culture du tabac. Ce discours, dans lequel M. Verny peignit avec chaleur les premiers intérêts de son arrondissement, fut universellement applaudi de tous les assistans. La fête se termina par un grand repas donné par M. Verny, auquel assistèrent les principaux Fonctionnaires de l'arrondissement, les Maires des cantons de Candel et Landau, les Cultivateurs admis aux Concours, et les personnes de la ville de Wissembourg invitées à cette solennité. Le Vainqueur eut la place d'honneur. Le dîner finit par de nombreux toasts à leurs Majestés, au Roi de Rome, à l'Agriculture, à la prospérité du Département.

Le 27 Décembre, il y eut à la fois deux Concours dans la ville de Strasbourg: le premier, au Magasin général des feuilles de la Régie, pour les cantons de Strasbourg et de Geispolsheim; le second, au Magasin particulier, n.° 1, pour les cantons d'Oberhausbergen et de Truchtersheim.

Trente-quatre Cultivateurs des cantons de Strasbourg et de Geispolsheim présentèrent leurs tabacs au Magasin général, dans l'espoir d'obtenir les étalons le *Clairac* et le *Warwick*, qui devaient être décernés, sans distinction de canton, aux deux plus belles parties de tabac : vingt-un seulement furent admis au Concours.

Le Jury, présidé par M. Brackenhoffer, Maire de la ville de Strasbourg, eut bientôt reconnu que les tabacs sous n.ᵒˢ 1, 3, 5, 7, 9 et 18, méritaient le plus, par leur beauté, leur qualité et leur préparation, de concourir entre eux. Après un examen long et attentif, les n.ᵒˢ 7 et 5 furent trouvés supérieurs aux autres. Ouverture faite du registre où les noms des Concurrens étaient inscrits, les propriétaires des n.ᵒˢ 7 et 5 se trouvèrent être, savoir : du n.° 7, le sieur Kieffer (*Jacques*), Cultivateur de la Commune de Fegersheim, et du n.° 5, le sieur Poirson (*François*), Cultivateur, Maire d'Illkirch, tous deux du

die ihn dem Sieger streitig gemacht hatten, eine Palme. Hierauf hielt er eine deutsche Rede, worin er den Zweck dieser Concurse erhob, welche die Verbesserung des Ackerbaues und vorzüglich die Erhaltung des Tabakbaues zum Ziele haben. Diese Rede, in welcher Hr. Verny mit vieler Wärme die ersten Gegenstände des Bestrebens seines Bezirkes darstellte, wurde mit dem allgemeinen Beyfall aller Anwesenden aufgenommen. Das Fest endigte sich mit einem großen Mahle, das von Hrn. Verny gegeben wurde, welchem die ersten Beamten des Bezirkes, die Maires der Cantone Candel und Landau, die zum Concurs zugelassenen Ackersleute, und die zu dieser Feyerlichkeit eingeladenen Personen aus der Stadt Weißenburg, beywohnten. Der Sieger erhielt den Ehrenplatz. Das Mittagsmahl endigte sich mit zahlreichen Toasts auf Ihre Majestäten, den König von Rom, auf den Ackerbau, auf das Wohlergehen des Departementes.

Am 27sten Dezember waren in der Stadt Straßburg zwey Concurse zugleich : der erste in dem Haupt-Magazine der Blätter der Regie, für die Cantone Straßburg und Geispolsheim; der zweyte in dem besondern Magazine Nro. 1, für die Cantone Oberhausbergen und Truchtersheim.

Vier und dreyßig Ackersleute aus den Cantonen Straßburg und Geispolsheim brachten ihren Tabak in das Haupt-Magazin, in der Hoffnung, die Hengste Clairac und Warwick zu erhalten, welche den zwey schönsten Parteyen Tabak, ohne Unterschied des Cantons, zuerkannt werden sollten : ein und zwanzig nur wurden zu dem Concurse zugelassen.

Das Preisgericht, unter dem Vorsitze des Hrn. Brackenhoffer, Maire der Stadt Straßburg, erkannte bald, daß die Parteyen Tabak unter den Nummern 1, 3, 5, 7, 9 und 18, wegen ihrer Schönheit, ihrer Güte und ihrer Zubereitung, verdienten, mit einander um den Preis zu streiten. Nach langer und aufmerksamer Untersuchung, erhielten die Nummern 7 und 5 den Vorzug vor den übrigen. Nach geschehener Eröffnung des Registers, in welchem die Nahmen der Preisbewerber eingeschrieben waren, fand sich, daß die Eigenthümer von Nro. 7 und 5 waren : von Nro. 7, Hr. Jakob Kieffer, Ackersmann aus der Gemeinde Fegersheim; und von Nro. 5, Hr. Franz Poirson, Ackersmann und Maire von Illkirch: beyde aus dem Geispolsheimer Cantone. Das Preisgericht rief sie als Sieger aus; ihre

canton de Geispolsheim. Le Jury les proclama Vainqueurs : mais leur absence ne lui permit pas de les couronner le jour même ; ils le furent, le lendemain, au grand Concours, jour où les étalons le *Clairac* et le *Warwick* leur furent décernés.

Le Jury arrêta de mentionner honorablement dans son procès-verbal les propriétaires des n.os 1, 3, 9 et 18, qui étaient, savoir : du n.o 1, le sieur FREISS (*Jean*), Cultivateur à Entzheim ; du n.o 3, la veuve HANSMÆNNEL, de Fegersheim ; du n.o 9, le sieur TREUTEL (*Bernard*), de la même Commune ; et du n.o 18, le sieur RIEGEL (*Xavier*), de Lipsheim, tous du canton de Geispolsheim.

Dans le même temps trente-trois Cultivateurs des cantons de Truchtersheim et d'Oberhausbergen présentaient leurs tabacs au Concours qui avait lieu au Magasin n.o 1, pour mériter l'étalon le *Grand-Hongrois*. Treize seulement furent admis au Concours.

Le Jury, présidé par M. DARTEIN D'ALTENAU, Sous-préfet de l'arrondissement de Strasbourg, reconnut que les tabacs sous les n.os 14, 15, 16, 21 et 22, méritaient de concourir entre eux ; et, après un examen sévère, le n.o 14 fut déclaré l'emporter sur les autres, en qualité et en beauté. En conséquence le sieur MAROCCO (*Gaëtan*), Cultivateur à Bischheim, Régisseur de la Manufacture impériale de tabacs, sous le n.o 14, fut proclamé Vainqueur, et l'étalon le *Grand-Hongrois* lui fut décerné.

Le Jury a mentionné honorablement dans son procès-verbal les n.os 15, 16, 21 et 22 ; et, après avoir recouru au registre, les propriétaires de ces tabacs se sont trouvés être, pour le n.o 15, le sieur PFRIMMER (*Michel*), de Bischheim ; pour le n.o 16, le sieur LOBSTEIN (*Jean*), d'Oberhausbergen ; pour le n.o 21, le sieur LOBSTEIN (*Jean-George*), de Wolfisheim, et pour le n.o 22, le sieur KRÆNCKER (*Thiébaud*), de Kolbsheim : tous du canton d'Oberhausbergen.

Le Président du Jury prononça un discours, où il fit voir que le but des Concours était la conservation de la culture du tabac, et que cette conser-

Abwesenheit gestattete aber nicht, sie am nähmlichen Tage zu krönen : es geschah dieses am folgenden Tage, bey dem großen Concurs, wo ihnen die Hengste Clairac und Warwick zuerkannt wurden.

Das Preisgericht beschloß, in seinem Verbal-Prozesse von den Eigenthümern der Nummern 1, 3, 9 und 18 ehrenvolle Meldung zu thun ; diese waren : von Nro. 1, Hr. Johann Freiß, Ackersmann zu Entzheim ; von Nro. 3, die Wittwe Hannsmännel, von Fegersheim ; von Nro. 9, Hr. Bernhard Treutel, aus der nähmlichen Gemeinde ; und von Nro. 18, Hr. Xaveri Riegel, von Lipsheim : alle aus dem Geispolsheimer Cantone.

Zur nähmlichen Zeit brachten drey und dreyßig Ackersleute aus den Cantonen Truchtersheim und Oberhausbergen ihren Tabak zu dem Concurse, welcher in dem Magazine Nro. 1 Statt hatte, um den Hengst, der große Ungar genannt, zu erhalten : dreyzehn nur wurden zum Concurse zugelassen.

Das Preisgericht, unter dem Vorsitze des Hrn. Dartein von Altenau, Unter-Präfekten des Straßburger Bezirkes, fand, daß die Parteyen Tabak unter den Nummern 14, 15, 16, 21 und 22, verdienten mit einander um den Preis zu streiten, und nach einer strengen Untersuchung wurde erklärt, daß Nro. 14 an Güte und Schönheit vor den übrigen den Vorzug verdiene : dem zu Folge wurde Hr. Cajetan Marocco, Ackersmann zu Bischheim und Regisseur der kaiserlichen Tabak-Manufaktur, unter Nro. 14, als Sieger ausgerufen, und der Hengst, der große Ungar genannt, wurde ihm zuerkannt.

Das Preisgericht erwähnte in seinem Verbal-Prozesse ehrenvoll der Nummern 15, 16, 21 und 22 ; und nachdem es Einsicht von dem Register genommen hatte, fand sichs, daß die Eigenthümer davon waren : von Nro. 15, Hr. Michael Pfrimmer, von Bischheim ; von Nro. 16, Hr. Johann Lobstein, von Oberhausbergen ; von Nro. 21, Hr. Johann Georg Lobstein, von Wolfisheim, und von Nro. 22, Hr. Theobald Kräncker, von Kolbsheim : alle aus dem Cantone Oberhausbergen.

Der Präsident des Preisgerichtes hielt eine Rede, in welcher er zeigte, daß der Zweck der Concurse die Erhaltung des Tabakbaues sey, und daß diese Erhaltung gänzlich

vation dépendait entièrement des soins et des efforts des Cultivateurs.

Des cavaliers des cantons d'Oberhausbergen et de Truchtersheim servirent d'escorte au Vainqueur, qui se rendit au repas qu'avait préparé M. DARTEIN D'ALTENAU, et auquel il avait invité les Membres du Jury, les Officiers supérieurs de la Régie, les Maires des deux cantons, et des Cultivateurs.

Ainsi se terminèrent les Concours particuliers des cantons, auxquels trois cent six Cultivateurs s'étaient présentés, et dont cent cinquante-quatre eurent des tabacs dignes d'être admis à l'honneur de concourir. En éloignant cent cinquante-deux Concurrens, les Jurys se sont montrés sévères; mais ils devaient l'être : d'abord, parce que les prix étaient trop beaux pour ne récompenser que de médiocres efforts; en second lieu, parce qu'après les progrès que la culture et la préparation des feuilles avaient faits en 1811, ce n'étaient que des feuilles supérieures en tout à celles de 1811 qui pouvaient être admises aux Concours de 1812. En un mot, ce qui avait mérité les couronnes de 1811, n'était plus digne des couronnes de 1812.

Le jour si désiré par les Vainqueurs des Concours particuliers des cantons, ce jour où ils devaient recevoir les prix qu'ils y avaient remportés; le jour du grand Concours, le 28 Décembre, arriva enfin.

Par les soins de M. MAROCCO, Régisseur de la Manufacture impériale de tabacs, un Magasin avait été converti en une salle immense, où des statues étaient peintes de distance en distance. A l'une des extrémités se trouvaient rangées les parties de tabac qui avaient gagné les prix dans les cantons. Elles avaient été expédiées au Magasin général par les Gardes des Magasins particuliers de la Régie, qui, auparavant, les avaient emballées, ficelées et scellées. A leur arrivée au Magasin général, elles avaient été enregistrées sur un registre spécial, avec l'indication des propriétaires et sous de nouveaux numéros, en présence de deux Experts des Cultivateurs, qui avaient paraphé le registre; il avait été scellé ensuite, et les numéros seuls avaient été

von der Sorgfalt und den Anstrengungen der Ackersleute abhänge.

Reiter aus den Cantonen Oberhausbergen und Truchtersheim dienten dem Sieger zur Begleitung, welcher sich zu dem Gastmahle begab, das Hr. Dartein von Altenau hatte bereiten lassen, und wozu er die Mitglieder des Preisgerichtes, die Ober-Beamten der Regie, Maires und Ackersleute aus den beyden Cantonen, eingeladen hatte.

So endigten sich die Partikular-Concurse der Cantone, wozu sich dreyhundert und sechs Ackersleute gemeldet hatten, und wovon hundert vier und fünfzig Tabak besaßen, der werth war, an der Ehre des Concurses Theil zu nehmen. Indem die Preisgerichte hundert zwey und fünfzig Preis-Bewerber abwiesen, bezeigten sie sich strenge; sie mußten es aber seyn: fürs erste, weil die Preise zu schön waren, um nur mittelmäßige Anstrengungen zu belohnen; fürs zweyte, weil, nach den Fortschritten, die der Tabakbau und die Zubereitung der Blätter im Jahr 1811 gemacht hatten, nur Blätter, welche in allem jene von 1811 übertrafen, zu den Concursen von 1812 angenommen werden konnten. Mit einem Worte, was die Kronen von 1811 verdiente, war im Jahr 1812 nicht mehr werth gekrönt zu werden.

Der von den Siegern der Partikular-Concurse in den Cantonen so sehr gewünschte Tag; jener Tag, wo sie die daselbst errungenen Preise erhalten sollten; der Tag des großen Concurses, der 28ste Dezember, kam endlich heran.

Durch die Fürsorge des Hrn. Marocco, Regisseurs der kaiserlichen Tabak-Manufaktur, war ein Magazin in einen unermeßlichen Saal verwandelt worden, wo von Distanz zu Distanz Statuen abgemahlt waren. An einem Ende desselben befanden sich die Parteyen Tabak, welche in den Cantonen die Preise davon getragen hatten, neben einander gelegt. Sie waren durch die Garde-Magasins der besonderen Magazine der Regie in das Haupt-Magazin geschickt worden, nachdem sie sie zuvor eingepackt, mit Schnüren umbunden und versiegelt hatten. Bey ihrer Ankunft im Haupt-Magazine waren sie, unter Anzeige ihrer Eigenthümer und unter neuen Nummern, in Gegenwart zweyer Experten von Seiten der Ackersleute, in ein besonderes Register eingetragen worden, welche letztere das Register mit ihrem

placés sur les parties de tabac. Enfin, toutes les précautions avaient été prises pour assurer aux Concurrens l'impartialité du grand Jury, impartialité dont la première garantie se trouvait dans sa composition si distinguée.

En effet, les membres du grand Jury, réunis sous la présidence du Préfet, étaient: M. DE TÜRCKHEIM, père, membre du Conseil général; M. CUNIER, Sous-préfet de l'arrondissement de Sélestat; M. de MONTBRISON, Recteur de l'Académie, membre du Conseil général; M. NEBEL, membre du Conseil général; M. MORLET, Colonel, Directeur du Génie; M. VERNY, Sous-préfet de l'arrondissement de Wissembourg; M. DARTEIN D'ALTENAU, Sous-préfet de l'arrondissement de Strasbourg, et M. BRACKENHOFFER, Maire de la ville de Strasbourg : tous Présidens des Jurys dans les Concours particuliers des cantons. Le grand Jury se composait encore de M. DUTEIL, Directeur, Inspecteur général de la Régie; de M. GRAVELOTTE, Directeur des Droits réunis du département, et des deux Officiers de la Régie qui avaient été ses représentans dans les Jurys particuliers, savoir, M. DILLEMANN, Garde-Magasin général, et M. CLAUSSE, Contrôleur en chef des Magasins en feuilles du département.

Le Préfet avait invité à assister au grand Concours les premières Autorités religieuse, civile et militaire du département, les Tribunaux, les Chefs d'Administration, et nombre de citoyens distingués.

M. le Baron DESBUREAUX, Général de Division, Commandant la cinquième Division militaire, s'y rendit avec une escorte de cavalerie et la musique de l'État-Major de la Division. Les Officiers de l'État-Major, les Chefs des Corps en garnison à Strasbourg, s'empressèrent de venir à cette fête de l'Agriculture.

Le Jury réuni, il procéda à l'examen des tabacs; cet examen se fit avec l'attention la plus scrupuleuse. Le Garde-Magasin général, remplissant les fonctions de Rapporteur, recueillit les voix, et la presque-unanimité fut en faveur des feuilles sous

Handzug verfehen hatten. Daffelbe war hernach verfiegelt, und die Nummern allein an die Parteyen Tabak geheftet worden. Kurz, es ward jede Vorficht gebraucht, um die Preis-Bewerber von der Unparteylichkeit des großen Preisgerichtes zu verfichern, deffen erfte Gewährleiftung in feiner fo ausgezeichneten Zufammenfetzung lag.

Die Mitglieder des großen Preisgerichtes, unter dem Vorfitze des Präfekten verfammelt, waren : Hr. von Türckheim, Vater, Mitglied des allgemeinen Raths; Hr. Cunier, Unter-Präfekt des Schlettftadter Bezirkes; Hr. von Montbrifon, Rektor der Akademie, Mitglied des allgemeinen Raths; Hr. Nebel, Mitglied des allgemeinen Raths; Hr. Morlet, Oberft, Direktor des Geniewefens; Hr. Verny, Unter-Präfekt des Weiffenburger Bezirkes; Hr. Dartein von Altenau, Unter-Präfekt des Straßburger Bezirkes, und Hr. Brackenhoffer, Maire der Stadt Straßburg : alle Präfidenten bey den Partikular-Concurfen in den Cantonen. Das große Preisgericht beftand noch aus den Hrn. Duteil, Direktor, General-Infpektor der Regie : dem Herrn Gravelotte, Direktor der vereinigten Gebühren des Departementes; und aus zwey Beamten der Regie, welche ihre Stellvertreter bey den Partikular-Preisgerichten waren, nähmlich, dem Hrn. Dillemann, Haupt-Garbemagafin, und dem Hrn. Clauffe, Haupt-Controleur der Magazine von Tabak-Blättern im Departemente.

Der Präfekt hatte die erften geiftlichen, Civil- und Militär-Behörden des Departementes, desgleichen auch die Vorfteher der Verwaltungen und eine große Anzahl angefehener Bürger eingeladen, dem großen Concurfe beyzuwohnen.

Der Herr Divifions-General Desbureaur, Oberbefehlshaber der 5ten Militär-Divifion, begab fich, von Reiterey und der Mufik des Generalftabs der Divifion begleitet, dahin. Die Offiziere des Generalftabs, die Chefs der zu Straßburg in Garnifon ftehenden Corps, beftrebten fich, zu diefem Fefte des Ackerbaues zu kommen.

Als das Preisgericht nun beyfammen war, fchritt es zur Unterfuchung des Tabaks : diefe Unterfuchung gefchah mit der größten Aufmerkfamkeit. Der Haupt-Garbemagafin, welcher das Amt des Bericht-Abftatters verfah, fammelte die Stimmen, die beynahe einmüthig zu Gunften der

n.^b 5, que les membres reconnurent pour les plus belles, les mieux préparées, les meilleures, en un mot, les plus conformes aux instructions de l'Administration.

Le registre nominatif fut mis alors sous les yeux du Jury, qui, après en avoir reconnu les scellés intacts, les brisa, et s'assura que le tabac n.° 5 appartenait à M. Marocco (*Gaëtan*), Cultivateur de la Commune de Bischheim, Régisseur de la Manufacture impériale de tabacs. Le Préfet le proclama Vainqueur au Grand Concours, et posa une couronne sur sa tête, au bruit des fanfares.

Le Jury ayant témoigné de vifs regrets de n'avoir pas un second prix à décerner au n.° 2, dont les feuilles étaient d'une grande beauté, et d'une préparation telle qu'elles approchaient beaucoup du mérite des feuilles n.° 5, le Préfet se décida à satisfaire les désirs du Jury, et il accorda un étalon au n.° 2, comme *accessit* au grand prix. Le registre montra que le n.° 2 appartenait au Sieur Feinholtz, de Herxheim, canton de Landau ; il fut couronné par le Préfet, qui prononça ensuite, en allemand, le discours suivant.

« Gaetan MAROCCO, Cultivateur de Bischheim,
« approchez,

« Et qu'en présence du Département, représenté
« par ses premières Autorités militaire, civile et
« religieuse, ses quatre Sous-Préfets, les Présidens
« de ses Tribunaux, le Recteur et les Doyens de
« son Académie, les Députés de ses Sociétés savan-
« tes, les Chefs de ses Administrations, son Con-
« seil général en corps, ses Députés au Corps légis-
« latif, ses plus notables habitans, et ses premiers
« Cultivateurs, je pose sur votre tête la couronne
« que le Grand-Jury vous décerne.

« Lorsqu'à pareille cérémonie, pareille cou-
« ronne fut décernée l'année dernière, les efforts
« faits pour l'obtenir m'en firent présager de nou-
« veaux : mais j'étais loin d'attendre que ce qui
« n'était encore que la curiosité de quelques par-
« ticuliers, deviendrait, en moins d'un an, l'objet
« d'une émulation générale, et que, dans l'inter-

Blätter unter Nro. 5 waren, welche von den Mitgliedern für die schönsten, die am sorgfältigsten zubereiteten, die besten, mit einem Worte, für solche erkannt wurden, die am meisten den Anweisungen der Verwaltung gemäß waren.

Hierauf wurde das Nahmen-Register dem Preisgerichte vorgelegt, welches, nachdem es die Siegel desselben unversehrt befunden hatte, sie erbrach, und sich überzeugte, daß der Tabak unter Nro. 5 dem Hrn. Cajetan Marocco, Ackersmann aus der Gemeinde Bischheim, Regisseur der kaiserlichen Tabak-Manufaktur, gehöre. Der Präfekt rief ihn als Sieger des großen Concurses aus, und setzte ihm unter Trompetenschall eine Krone auf das Haupt.

Da das Preisgericht lebhaftes Bedauern äußerte, daß es keinen zweyten Preis für Nro. 2 zu ertheilen habe, wovon die Blätter so schön und dergestalt zubereitet waren, daß sie dem Werthe der Blätter unter Nro. 5 sehr nahe kamen, so entschloß sich der Präfekt, den Wünschen des Preisgerichtes zu willfahren, und bewilligte für Nro 5, als Accessit zu dem großen Preis, einen Hengst. Das Register zeigte, daß Nro. 2 dem Hrn. Seinholtz, von Herrheim, aus dem Canton Landau, gehöre. Er wurde gekrönt, worauf der Präfekt folgende Rede in deutscher Sprache hielt.

„ Herr Cajetan Marocco, Landwirth zu Bischheim,
„ treten Sie herbey,

„ Damit ich Ihnen in Gegenwart des Departements —
„ welches hier vorgestellt ist durch seine ersten Militär-,
„ Civil- und geistlichen Behörden, seine vier Unter-Präfekten,
„ die Präsidenten seiner Gerichte, den Rector und die
„ Decane seiner Academie, die Deputirten seiner gelehrten
„ Gesellschaften, die Chefs seiner Verwaltungen, seine
„ Deputirten in dem gesetzgebenden Corps, seinen allge-
„ meinen Rath, und seine achtbarsten Einwohner und
„ vorzüglichsten Landwirthe — den Kranz auf das Haupt
„ setze, den Ihnen das Groß-Jury zuerkennt.

„ Als voriges Jahr bey der gleichen Feyerlichkeit eine
„ gleiche Krone zuerkannt wurde, so ließen mich die, um
„ sie zu erhalten, gemachten Anstrengungen neue Anstreng-
„ ungen voraussehen : allein ich konnte nicht erwarten,
„ daß, was erst bloß eine Sache der Particular-Neugierde
„ war, binnen weniger als einem Jahr der Gegenstand einer
„ allgemeinen Beeiferung seyn würde, und daß, in dem
„ Zwischenraum von zwey Concursen, die Verbesserungen

« valle de deux Concours, l'amélioration aurait
« fait d'assez grands progrès pour nous mettre en
« état de ne pas même admettre aux Concours de
« cette année des tabacs qui auraient été couron-
« nés dans les Concours de l'année dernière. Du
« point où nous sommes arrivés, Cultivateurs,
« rejetez les yeux sur celui d'où nous sommes partis!
« Aussi avant dans les bonnes habitudes que nous
« l'étions dans les mauvaises, il ne faut qu'un
« troisième pas pour atteindre la perfection; et ce
« pas sera fait d'ici au troisième Concours: voilà
« comment marche l'Alsacien.

« En posant la couronne sur votre tête, GAETAN
« MAROCCO, Cultivateur de Bischheim, il m'est
« doux de penser que c'est l'Alsace elle-même que
« je couronne, et que la victoire que vous rem-
« portez aujourd'hui sur tous vos Concurrens, n'est
« que le prélude de celle que, dès le Concours
« prochain, elle aura remportée sur tous les siens.
« Warwick, Amersfort, Clairac, et tous les autres
« noms célèbres, vous ne prendrez rang qu'après
« l'Alsace, de même que les noms des Vainqueurs
« (si beaux que ces noms puissent être) ne vien-
« nent prendre rang qu'à la suite du nom du
« Vainqueur du grand prix.

« Placée sur la première ligne dans tout le reste,
« elle doit l'être dans tout: elle doit l'être dans
« son industrie, comme dans ses vertus domesti-
« ques et publiques; elle doit l'être dans ses efforts
« pour répondre aux vues de l'EMPEREUR, comme
« dans son amour même pour sa personne; et puis-
« qu'il entend que la France s'affranchisse, pour ce
« genre de culture, du tribut qu'elle payait jusqu'ici
« à l'étranger, il faut que ses Cultivateurs, par un au-
« tre genre de victoire, rivalisent avec ses Soldats. »

Les cris répétés de VIVE L'EMPEREUR se firent entendre de toutes les parties de la salle, qu'à peine
ce discours était terminé.

Sur ces entrefaites, les étalons qui devaient être
donnés aux différens Vainqueurs, étaient arrivés
dans la grande cour de la Manufacture impériale.

Ils avaient été amenés, avec pompe, du Dépôt

„ weit genug gediehen würden, um uns zu berechtigen,
„ zu den Concursen dieses Jahres nicht einmahl die Tabak-
„ pflanzen zuzulassen, welche in den Concursen des vorigen
„ den Preis erhalten haben würden. Von dem Standpunkt,
„ den wir nun erreicht haben, lassen Sie uns, Landwirthe,
„ auf den Punkt zurück blicken, von welchem wir ausge-
„ gangen sind. Eben so weit in guten Gewohnheiten fort-
„ gerückt, als wir es in den schlechten waren, bedürfen
„ wir nur noch eines dritten Schrittes, um zur Vollkom-
„ menheit zu gelangen; und diesen dritten Schritt, wir
„ werden ihn beym nächsten Concurse gemacht haben:
„ solches ist der Gang des Elsassers.

„ Indem ich Ihnen den Kranz aufsetze, Herr Cajetan
„ Marocco, denke ich mit Wohlgefallen, daß ich dem
„ Elsasse selbst eine Krone aufsetze, und daß der von Ih-
„ nen heute über Ihre Mitconcurrenten davon getragene Sieg
„ das Vorspiel desjenigen seyn wird, welchen unser Land
„ selbst über alle die seinigen, von dem nächsten Concurs
„ an, davon tragen wird. Somit werdet ihr, Warwick,
„ Amersfort, Clairac, und alle andere berühmte Nah-
„ men, euern Rang erst nach dem Elsasse einnehmen, eben
„ so wie die Nahmen der Sieger (wie schön sie auch seyn
„ mögen) ihren Rang erst nach dem Nahmen des Siegers
„ einnehmen, welcher den großen Preis davon getragen hat.
„ Denn da das Elsaß in allen übrigen Stücken auf der
„ ersten Linie steht, so soll es sich auch in allem auf die erste
„ Linie setzen: es soll es in seiner Industrie, wie in seinen
„ häuslichen und öffentlichen Tugenden, in seinem Bestreben
„ den Absichten des Kaisers zu entsprechen, wie in seiner
„ Liebe zum Kaiser selbst; und weil der Kaiser will,
„ daß sich Frankreich, in diesem Zweige des Landbaues,
„ von dem Tribut befreye, den es bisher dem Ausland
„ entrichtet hat, so müssen die Elsasser Landleute, in einer
„ andern Art von Sieg, mit seinen Soldaten wetteifern. "

Kaum war diese Rede geendigt, so ließ sich das wieder-
hohlte Rufen: es lebe der Kaiser, von allen Seiten des
Saales hören.

Inzwischen waren die Hengste, welche den verschiedenen
Siegern übergeben werden sollten, im großen Hofe der kaiserlichen Manufaktur angekommen.

Sie waren mit Pomp aus dem kaiserlichen Hengst-Depot,

impérial des étalons, conduits chacun, à la main, par un palefrenier. Un détachement de la compagnie départementale les précédait et les suivait dans la marche.

Le Jury, informé de léur arrivée, se transporta dans la cour; les étalons défilèrent devant lui, et les rênes de chacun furent remises un moment à son Vainqueur, en signe de prise de possession; savoir:

Du *Tabago*, au Sieur Oswald, d'Erstein;

Du *Maryland*, au Sieur Rohmer, de Kogenheim;

Du *Varinas*, au Sieur Dengler, de Sélestat;

De la jument la *Cigare*, à M. Mathieu, fils de Mad.^e veuve Mathieu, de Heidolsheim, son fondé de pouvoir;

Du *Grand-Alsace*, au Sieur Ortlieb, d'Obernai;

Du *Porto-Ricco*, au Sieur Falck, de Molsheim;

Du *Grand-Asiatique*, au Sieur Paulus, de Haguenau;

De l'*Amersfort*, au Sieur Feinholtz, de Herxheim;

Du *Clairac*, au Sieur Kieffer, de Fegersheim;

Du *Warwick*, au Sieur Poinson, d'Illkirch;

Du *Grand-Hongrois*, au Sieur Marocco, qui, comme Vainqueur du grand prix, reçut encore les deux jumens poulinières, la *Virginie* et la *Nicotiane*.

Enfin, l'étalon décerné comme *accessit* au grand prix fut livré au Sieur Feinholtz, de Herxheim.

Cette prise de possession se fit en présence de tous les assistans, qui s'étaient rendus dans la grande cour de la Fabrique, et au bruit de la musique.

Les Vainqueurs qui devaient se rendre au grand repas préparé en leur honneur, ne pouvant, par cette raison, se charger ce jour même de leurs prix, les étalons furent reconduits au Dépôt impérial; les Cultivateurs des Communes des Vainqueurs, venus à cheval pour les accompagner, marchèrent en cortége et précédèrent les étalons. Les ouvriers de la Fabrique impériale, ornés de rubans et portant des attributs de la Fabrique, venaient après, et un détachement de la compagnie départementale fermait la marche. Le cortége, qui, pour venir à la

jeder von einem Stallknechte geführt, dahin gebracht worden. Ein Detaschement der Departemental = Compagnie ging voran, ein anderes folgte nach).

Als das Preisgericht von ihrer Ankunft benachrichtigt ward, begab es sich in den Hof: die Hengste zogen vor ihm vorbey, und der Zügel eines jeden derselben wurde auf einen Augenblick seinem Sieger zum Zeichen der Besitznahme über= geben; nähmlich jener

Des Tabago, dem Hrn. Oswald, von Erstein;

Des Maryland, dem Hrn. Rohmer, von Kogenheim;

Des Varinas, dem Hrn. Dengler, von Schlettstadt;

Der Stute, die Cigare genannt, dem Hrn. Matthieu, Sohn der Frau Wittwe Matthieu, von Heidolsheim, ihrem Bevollmächtigten;

Des großen Elsassers, dem Hrn. Ortlieb, von Ober= Ehnheim;

Des Porto=Ricco, dem Hrn. Falck, von Molsheim;

Des großen Asiaten, dem Hrn. Paulus, von Hagenau;

Des Amersforter, dem Hrn. Seinholtz, von Herr= heim;

Des Clairac, dem Hrn. Kieffer, von Fegersheim;

Des Warwick, dem Hrn. Poirson, von Illkirch;

Des großen Ungars, dem Hrn. Marocco, welcher als Sieger des großen Preises, auch noch die zwey jungen Stuten, die Virginia und die Nicotiana, erhielt.

Endlich wurde der, als Accessit zu dem großen Preis zuer= kannte Hengst, dem Hrn. Seinholtz, von Herrheim, über= geben.

Diese Besitznahme geschah unter dem Schalle der Musik, in Gegenwart aller Anwesenden, welche sich in den großen Hof der Fabrik begeben hatten.

Da die Sieger sich bey dem großen, ihnen zu Ehren ver= anstalteten Mahle einfinden sollten, konnten sie, dieser Ursache wegen, nicht gleich am nähmlichen Tage für ihre Preise be= sorgt seyn, und die Hengste wurden in den kaiserlichen Depot zurück geführt: die Ackersleute aus den Gemeinden der Sieger, welche zu Pferd gekommen waren, um sie zu be= gleiten, bildeten einen Zug und ritten vor den Hengsten her; die Arbeiter aus der kaiserlichen Fabrik, mit Bändern ge= ziert und Sinnbilder der Fabrik tragend, folgten, und ein Detaschement von der Departemental=Compagnie schloß den Marsch. Der Zug, welcher, um sich nach der kaiserlichen

Manufacture impériale, avait passé par les faubourgs, retourna au Dépôt en traversant l'intérieur de la ville.

A quatre heures après midi toutes les Autorités qui avaient assisté au grand Concours, les Fonctionnaires, les Vainqueurs, se réunirent au Magasin général de la Régie. Une salle immense y avait été préparée par les soins de M. le Garde-Magasin général et de M. le Contrôleur en chef des Magasins; elle était tendue de tapisseries. Une table de deux cents couverts y était disposée en fer à cheval. Au fond de la salle, sur une estrade ornée d'emblèmes et de guirlandes, se voyait le buste de SA MAJESTÉ, et de chaque côté des trophées en l'honneur de l'Agriculture; des trophées semblables étaient répétés sur les autres parois de la salle, qui, richement illuminée, offroit un coup d'œil imposant.

Lorsque tous les convives eurent pris place, ce fut un spectacle à la fois noble et touchant de voir les Cultivateurs assis à côté des premières Autorités du département, à côté de leurs Magistrats, de leurs Juges, à côté des Guerriers.

A la droite du Préfet se trouvait M. le Baron DESBUREAUX, Général de division, commandant la cinquième division militaire; à sa gauche M. DUTEIL, Directeur, Inspecteur général des Droits réunis, représentant la Régie. En face du Préfet était le Vainqueur du grand prix, *Gaëtan* MAROCCO.

L'on remarquait ensuite M. DE CŒHORN, Général de division; les Majors du 8.º régiment de Hussards, du 7.º régiment de Chasseurs, du 17.º d'Infanterie légère, du 3.º, du 12.º et du 57.º de ligne; le Colonel de la Gendarmerie, et les Officiers de l'État-major de la Division.

L'on y voyait les Membres du Corps législatif du département.

Parmi les Fonctionnaires civils se trouvaient les Sous-préfets des quatre arrondissemens, le Secrétaire général de la Préfecture, le Commissaire général de Police, les Membres du Conseil de Préfecture, le Maire de Strasbourg, ses Adjoints, etc.

Parmi les Juges on distinguait le Procureur im-

Manufaktur zu begeben, durch die Vorstädte gegangen war, kehrte durch das Innere der Stadt nach dem Depot zurück.

Um vier Uhr Nachmittags versammelten sich alle Behörden, welche dem Concurse beygewohnt hatten, desgleichen auch die Beamten, die Sieger, in dem Haupt-Magazine der Regie. Durch die Fürsorge des Hrn. Haupt-Garde-Magasin, und des Hrn. Ober-Controleurs der Magazine, war daselbst ein ungeheurer Saal zubereitet worden: er war mit Tapezereyen behängt; in demselben befand sich eine Tafel von zweyhundert Gedecken, in Form eines länglichen Halbzirkels. Im Hintergrunde sah man auf einer mit Sinnbildern und Blumenkränzen verzierten Erhöhung das Brustbild Sr. Majestät, und zu jeder Seite Trophäen zu Ehren des Ackerbaues; ähnliche Trophäen befanden sich auch an den anderen Wänden des Saales, welcher prächtig erleuchtet war, und einen herrlichen Anblick gewährte.

Als alle Gäste Platz genommen hatten, war es ein erhabenes und zugleich rührendes Schauspiel, die Ackersleute neben den ersten Behörden des Departementes, neben ihren Obrigkeiten, ihren Richtern, neben Kriegern, sitzen zu sehen.

Zur Rechten des Präfekten befand sich der Herr Baron Desbureaux, Divisions-General, Oberbefehlshaber der 5ten Militär-Division; zu seiner Linken, Hr. Duteil, Direktor, General-Inspektor der vereinigten Gebühren, welcher die Regie vorstellte: dem Präfekten gegen über saß der Sieger vom großen Preise, Hr. Cajetan Marocco.

Noch bemerkte man den Hrn. Divisions-General von Cöhorn; die Majors vom 8ten Husaren-, 7ten Jäger-, 17ten leichten Infanterie-, 3ten, 12ten und 57sten Linien-Regimente; den Obersten von der Gendarmerie, und die Offiziere des Generalstabs der Division.

Man sah daselbst die Mitglieder des gesetzgebenden Corps vom Departemente.

Unter den Civil-Beamten befanden sich die Unter-Präfekten der vier Bezirke, der General-Sekretär der Präfektur, der General-Polizeycommissär, die Mitglieder des Präfektur-Raths, der Maire von Straßburg, seine Adjunkten, ꝛc.

Unter den Richtern bemerkte man den kaiserlichen Cri-

périal criminel du département, les Président, Vice-président et Procureur impérial du Tribunal civil de Strasbourg;

Le Président et le Procureur impérial du Tribunal des Douanes.

L'on y voyait encore le Recteur, les Inspecteurs de l'Académie, et les Doyens des Facultés;

Puis le Conservateur des Eaux et Forêts, les Directeurs des Domaines, des Douanes, des Droits réunis, des Contributions;

Les Membres du Conseil général du département;

Les Ingénieurs des Ponts et Chaussées;

Le Président du Tribunal de Commerce;

Le Vice-président de la Chambre de Commerce;

Les Officiers supérieurs des Droits réunis, des Chefs de parties, et nombre d'autres Fonctionnaires.

Les Vainqueurs des prix dans les Concours particuliers des cantons se trouvaient à côté des Fonctionnaires les plus distingués.

Les Maires des Communes des Vainqueurs, et quarante des Cultivateurs les plus recommandables et les plus estimés des quatre arrondissemens, avaient été aussi invités, et se trouvaient là, confondus avec les Fonctionnaires de tous les grades.

Ce mélange de toutes les fonctions, de tous les grades, avec ce que l'Agriculture avait de plus respectable, présentait un tableau touchant; tous les cœurs semblaient réunis, comme toutes les pensées; et quand les cris de *vive l'Empereur* se firent entendre après le toast que porta le Préfet, l'on put dire que tous les Citoyens du Département du Bas - Rhin, représentés là par tout ce qu'ils aimaient et respectaient à la fois, applaudissaient à ce toast, et éprouvaient le même amour, comme le même respect, pour le Héros qui, d'une main, protège l'Agriculture, comme, de l'autre, il gouverne les Empires.

Pendant ce repas, cent jeunes filles des Magasins, vêtues de blanc, ornées de rubans, tenant des guirlandes, chantèrent des couplets en l'honneur de la Culture du tabac, et la musique répondait à leurs accens.

minal = Prokurator des Departementes, den Präsidenten, Vice = Präsidenten und kaiserlichen Prokurator des Civil= Gerichtes von Straßburg;

Den Präsidenten und kaiserlichen Prokurator des Doua= nen = Gerichtes.

Man sah auch daselbst den Rektor, die Inspektoren der Akademie, und die Dekane der Fakultäten;

Ferner, den Conservator der Gewässer und Waldungen, die Direktoren der Domänen, des Zollwesens, der vereinigten Gebühren, der Abgaben;

Die Mitglieder des allgemeinen Departements=Raths;

Die Ingenieurs der Brücken und Straßen;

Den Präsidenten des Handelsgerichtes;

Den Vice=Präsidenten der Handelskammer;

Die Ober = Beamten der vereinigten Gebühren, verschie= dene Vorsteher von Verwaltungs = Zweigen, und eine Menge andere Beamte.

Die Sieger, welche bey den Partikular=Concursen in den Cantonen die Preise erhalten hatten, saßen den vornehmsten Beamten zur Seite.

Die Maires aus den Gemeinden der Sieger, und vierzig der empfehlungswerthesten und geschätztesten Ackersleute aus den vier Bezirken, waren ebenfalls eingeladen worden, und waren hier mit den Beamten aller Grade vermengt.

Diese Vermengung aller Aemter, aller Grade, mit dem was der Ackerbau edles, was er ehrwürdiges hat, both ein rührendes Gemählde dar; alle Herzen, so wie alle Gedanken, schienen vereinigt; und als auf den Toast, wel= chen der Präfekt ausbrachte, das Rufen: es lebe der Kaiser, ertönte, konnte man sagen, daß alle Bürger des Nieder= Rheinischen Departementes, welche hier durch alles was ihnen lieb und zugleich achtungswerth ist, vorgestellt waren, diesen Toast mit ihrem Beyfall begleiteten, und die nähmliche Liebe, so wie die nähmliche Ehrfurcht, für den Helden empfanden, der, indem er mit der einen Hand den Ackerbau schützt, mit der andern die Reiche regiert.

Während dieser Mahlzeit sangen hundert junge Mädchen aus den Magazinen, weiß gekleidet, mit Blumen geschmückt und Kränze haltend, unter Begleitung der Musik, Verse zu Ehren des Tabakbaues ab.

Au dessert, vinrent les toasts : celui de Sa M. l'Empereur, de S. M. l'Impératrice, du Roi de Rome, de nos armées, de S. E. le Ministre des finances ; de M. le Conseiller d'État Directeur général des Droits réunis, des premières Autorités du Département, de la Régie, de la Culture, furent successivement portés au bruit des fanfares et aux *vivat* des assistans.

L'on proclama de nouveau les noms des Vainqueurs, aux acclamations de l'Assemblée.

Cette fête, aussi bien ordonnée qu'elle était imposante, a laissé des souvenirs dans l'ame de tous ceux qui y ont assisté. Chacun y remarquait, avec plaisir, Ortlieb, qu'on y avait déjà vu figurer l'année précédente : et les Cultivateurs qui en étaient les héros, se rendront dignes d'y reparaître encore.

Beym Nachtische begannen die Toasts : der auf Se. Maj. den Kaiser, auf Ihre Maj. die Kaiserin, den König von Rom, auf unsere Armeen, auf Se. Exc. den Finanzminister, auf den Hrn. Staatsrath General-Direktor der vereinigten Gebühren, auf die ersten Behörden des Departementes, die Regie, den Ackerbau, wurden unter Trompetenschall und lautem Vivatrufen der Anwesenden nach einander ausgebracht.

Die Nahmen der Sieger wurden unter freudigem Zuruf der Versammlung neuerdings ausgerufen.

Dieses Fest, welches eben so gut angeordnet als erhaben war, ließ in den Herzen aller, die ihm beywohnten, süße Erinnerungen zurück. Ein jeder bemerkte mit Vergnügen den Hrn. Ortlieb, den man schon im verflossenen Jahre hatte eine Stelle dabey einnehmen sehen; und die Ackersleute, welche die Hauptpersonen dabey waren, werden sich würdig machen, wiederum dabey zu erscheinen.